W0321641

FIGÜRLICHES ZEICHNEN

FIGÜRLICHES ZEICHNEN

John Raynes

Ein Handbuch für Anfänger
und Fortgeschrittene

Urania-Ravensburger

Die Deutsche Bibliothek – CIP-Einheitsaufnahme

Raynes, John:
Figürliches Zeichnen : ein Handbuch für Anfänger und Fortgeschrittene / John Raynes. (Übers. ins Dt.: Hajo Düchting). – Berlin : Urania-Ravensburger, 1998
Einheitssacht.: The figure drawing workbook <dt.>
ISBN 3-332-00706-8

ISBN 3-332-00706-8

Titel der englischen Originalausgabe:
The Figure Drawing Workbook

Copyright © 1997 by Collins and Brown Limited
Text Copyright © 1997 by John Raynes
Alle Illustrationen © John Raynes,
falls nicht anders vermerkt

Übersetzung ins Deutsche: Hajo Düchting

© der deutschen Übersetzung 1998
by Urania-Ravensburger in der
Dornier Medienholding GmbH, Berlin

Die Verwertung der Texte und Bilder, auch auszugsweise, ist ohne Zustimmung des Verlags urheberrechtswidrig und strafbar. Dies gilt auch für Vervielfältigungen, Übersetzungen, Mikroverfilmungen und für die Verarbeitung mit elektronischen Systemen.

Umschlaggestaltung: Behrend & Buchholz, Hamburg
Titelbild: John Raynes
Fotos: John Raynes und Sampson Lloyd
Lektorat: Friederike Arnold und Eva Hauck
Satz: Thoms Graphik Design, Berlin
Druck: Midas Printing

Printed in Hong Kong
Gedruckt auf alterungsbeständigem Papier
mit chlorfrei gebleichtem Zellstoff

6 5 4 3 2 1   01 99 98

Hinweis des Verlages:
Die Ratschläge in diesem Buch sind von Autor und Verlag sorgfältig erwogen und geprüft, dennoch kann eine Garantie nicht übernommen werden. Eine Haftung des Autors bzw. Verlags und seiner Beauftragten für Personen-, Sach- und Vermögensschäden ist ausgeschlossen.

INHALT

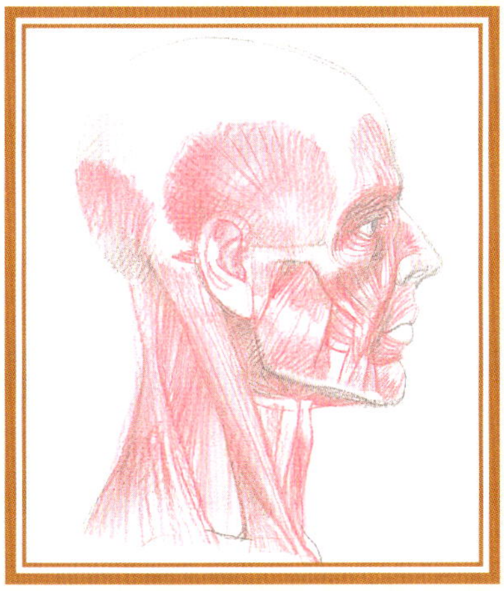

EINFÜHRUNG

Wesentliche Voraussetzung für das figürliche Zeichnen ist, daß man lernt, seinen Augen zu trauen. In diesem Buch möchte ich Ihnen anhand verschiedener Posen, unterschiedlicher Zeichenmittel und einiger Hintergrundinformationen zeigen, wie man dieses neue Sehen lernen und umsetzen kann.

Dieses Buch soll Ihnen vor allem helfen, die menschliche Figur mit neuen Augen zu sehen. Das mag sehr einfach klingen. Die nicht nur bei Anfängern auftretenden Schwierigkeiten sind jedoch fast immer darauf zurückzuführen, daß man sich eher unbewußt auf das vorhandene Wissen über Formen und Proportionen verläßt, anstatt das zu zeichnen, was tatsächlich da ist. Ein Bein stellen wir uns zum Beispiel als eine längliche, röhrenartige Form vor. Unter einem bestimmten Blickwinkel kann diese Form aber auch stark verkürzt aussehen. Diese Tatsache wird durch unser vorgeprägtes Wissen in den Hintergrund gedrängt, weil unser Gehirn die perspektivischen Verzerrungen, Proportionen und den Lichteinfall in unserer Umgebung kompensiert und die fehlenden Details, von denen wir wissen, daß sie da sind, einsetzt. Beim Zeichnen einer Figur muß man daher dieses Vorwissen unterdrücken und versuchen, mit einem „unschuldigen Auge" zu sehen.

Wenn man ein Modell in verschiedenen Posen und aus unterschiedlichen Blickwinkeln betrachtet, erlebt man oft Überraschungen. Die verschiedenen Körperteile nehmen unerwartete Proportionen und Formen an, und ihre Beziehung zueinander wird ganz neu erfahren. Ebenso kann die Art des Lichteinfalls auf den Körper und die damit verbundene Veränderung der Fleischtöne unserer Vorstellung widersprechen. Um objektiv zeichnen zu können, muß man an das glauben, was man vor sich sieht. Wenn man sich von Anfang an klarmacht, daß man vorgefaßte Meinungen überwinden muß, wird man schnell Fortschritte machen.

OBJEKTIV SEHEN

Erst seit dem 14. Jahrhundert begannen die Künstler der italienischen Renaissance die Figur auf diese objektive Weise zu zeichnen. In der prähistorischen Malerei hatten Figuren eine rein symbolische Funktion. Sie wurden daher stark schema-

Höhlenmalerei in Sefar, Tassili, Algerien
Dieses prähistorische Gemälde zeigt eine genaue Darstellung von Tieren in einer Herde. Im Vergleich dazu wirken die menschlichen Figuren sehr schematisch und verdeutlichen so die unterschiedliche Bedeutung von Jäger und Gejagtem.

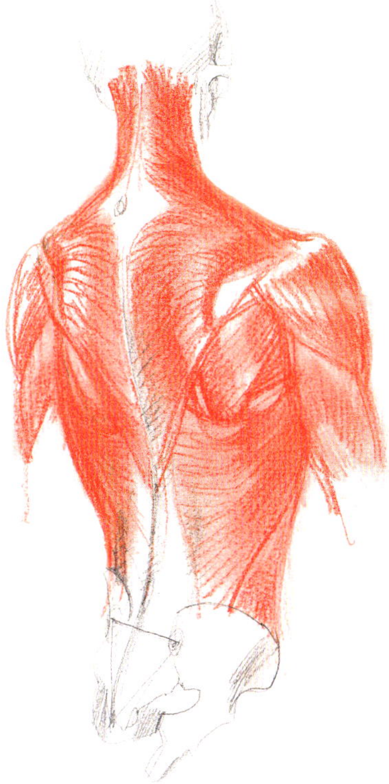

Anatomie
Als Künstler müssen wir wissen, wie die Muskeln und das Gerüst des Skeletts sich auf unsere Wahrnehmung der Körperform auswirken. Dünnere, an der Oberfläche liegende Muskeln reflektieren oft darunterliegende Formen. Der hier gezeigte Trapezmuskel ist zum Beispiel ein dreieckiger Muskel, der die runde Form der Aufrichtmuskeln der Wirbelsäule, die er überdeckt, widerspiegelt.

tisiert dargestellt. Als sich später die ersten Gesellschaften herausbildeten, wurden Figuren als Götter oder Geister gezeichnet. Sie basierten zwar deutlich auf der menschlichen Form, zeigten aber oft besondere Merkmale und Akzente, wie zum Beispiel einen übergroßen Kopf und Augen, die Allwissenheit ausdrücken sollten. In Indien und im Fernen Osten hielt sich die Tradition der stilisierten Menschendarstellung viele Jahrhunderte lang und ist zum Teil noch heute gebräuchlich. Bereits im 5. Jahrhundert v. Chr. schufen griechische Bildhauer zwar idealisierte, jedoch sehr lebensnahe männliche und weibliche Figuren.

In Anlehnung an diese Kunst der Antike begannen dann die Künstler der Renaissance realistische Zeichnungen zu schaffen. Künstler wie Leonardo da Vinci und Michelangelo unterdrückten beim Zeichnen ihr Wissen um Perspektive und Anatomie und konnten so die menschliche Form realistisch, mit der Illusion von Volumen und Tiefe auf der zweidimensionalen Fläche, wiedergeben.

Seit der Renaissance kannte man also die Mittel, die nötig sind, um die menschliche Figur realistisch darzustellen. Die damals entdeckten und verwendeten Regeln der Perspektive, die genaue Beobachtung der Anatomie und der Proportionen sind auch heute noch relevant. Darauf wird in diesem Buch ausführlich eingegangen.

Zu diesem Buch

Bevor Sie zu zeichnen beginnen, müssen Sie sich natürlich für ein Zeichenmittel entscheiden. In Kapitel 1 werden daher zunächst die für das Zeichnen von Figuren besonders geeigneten

„Studien für einen fliegenden Engel des Jüngsten Gerichts" von Michelangelo
Nach dem lebenden, meist männlichen Modell machte Michelangelo Studien von großer anatomischer Genauigkeit, mit einer vorher nicht gekannten Vitalität und Stärke. Dabei handelt es sich um äußerst ausdrucksstarke Darstellungen der menschlichen Figur.

Materialien vorgestellt und anschließend die Wirkungen, die damit erzielt werden können. Fast jedes Material eignet sich für das Figurenzeichnen, für den Anfang sollte man die Zeichenmittel bevorzugen, bei deren Anwendung ein leichtes und schnelles Korrigieren möglich ist. Zeichenkohle ist sehr vielseitig, da man mit ihr sowohl kräftige Linien als auch vielfältige Halbtöne von Silbergrau bis zu sattem Schwarz zeichnen kann. Anfänger werden wahrscheinlich den Bleistift vorziehen, den auch ich sehr schätze, weil man damit sowohl genaue Details als auch breite Tonwertflächen – ohne Zuhilfenahme von Aquarell oder Tusche – wiedergeben kann. Mit wachsender Geschicklichkeit und zunehmendem Selbstvertrauen kann man Farbstifte, Pastellkreiden, Tusche und Feder, selbst Filzstift und Kugelschreiber auf den unterschiedlichsten Zeichenflächen einsetzen. Sie werden schon bald das Medium finden, das Ihren künstlerischen Absichten am besten entspricht.

In Kapitel 2 werden dann die Grundregeln des Figurenzeichnens erklärt. Nach der einfachen Umrißzeichnung werden grundlegende Zeichentechniken besprochen, mit denen man die Form einer Figur nachvollziehen kann. Wenn es einem gelingt, Licht und Farbabstufungen des Inkarnats wiederzugeben, hilft dies bei der genauen Darstellung der Figur. Auch die Regeln der Perspektive werden hier vorgestellt. Der Figurenzeichner muß sich nicht mit dem komplizierten mathematischen System der Linearperspektive auseinandersetzen. Er sollte aber mit den Grundlagen vertraut sein, die bei der Darstellung von Volumen und Plastizität auf der zweidimensionalen Fläche des Papiers hilfreich sein können.

Kapitel 3 ist der Erklärung anatomischer Grundlagen vorbehalten. Ähnlich wie bei der Perspektive ist es nicht notwendig, sämtliche Details der menschlichen Anatomie zu kennen. Mit ein wenig Hintergrundwissen lernt man jedoch, „unter die Oberfläche zu sehen“, und versteht, was passiert, wenn der Körper sich dreht, beugt und versucht, im Gleichgewicht zu bleiben. Dadurch wird das Auge bei der Auswahl wichtiger Formen unterstützt, und man vermeidet ein verwirrendes Durcheinander unverbundener Teile. Selbst beim Zeichnen von bekleideten Figuren ist ein Verständnis der Körperstruktur bei der Wiedergabe des formgebenden Faltenwurfs hilfreich. In den Kapiteln 2 und 3 folgen dann einfache Übungen, die das Verständnis der Grundprinzipien vertiefen sollen.

Im Kapitel 4 werden einige Projekte zur Anregung und vertiefenden Übung vorgeschlagen. Hier wird erklärt, wie man die Grundlagen der ersten drei Kapitel auf die ganze Bandbreite klassischer Posen anwendet. Außerdem werden die Themen Kleidung, Zubehör, Charakter und Umgebung behandelt.

In allen vier Kapiteln möchte ich Sie vor allem zum Zeichnen anregen. Denn nur Übung macht den Meister! Seien Sie nicht zu schnell entmutigt, wenn sich Ihre Zeichnungen nicht in der „richtigen“ Reihenfolge von der groben Formgebung bis zum feinen Detail entwickeln – das tun sie nur sehr selten!

Sie müssen ständig prüfen, ob die Zeichnung im Ganzen richtig ist,

Mit Hilfe der Linie suchen

Das Wesen der Zeichnung liegt in der Suche nach optischen Hilfen zur Beschreibung der beobachteten Form. In dieser Studie verwendete ich Hilfslinien und überlagerte sie allmählich mit Korrekturen. So ertastete ich meinen Weg zur richtigen Form. Die letzten Linien sind durch ihren kräftigen Duktus von den ersten suchenden Strichen gut zu unterscheiden.

„Drei Studien für eine Ballerina" von Edgar Degas
Durch die Wiederholung der gleichen Grundpose hat Degas die Bewegung der Tänzerin deutlich und überzeugend wiedergegeben, ohne sich in Details zu verlieren.

und bereit sein, Änderungen vorzunehmen. Dieser sich vollziehende Prozeß darf durchaus in der Zeichnung sichtbar sein. Das Verändern und Modifizieren von Linien sollte man nicht als Fehler ansehen, sondern als natürliche Vorgehensweise beim Zeichnen.

Jeder, der sich mit dem Zeichnen von Figuren beschäftigt, sollte auch die Zeichnungen alter Meister studieren. Da die Liste der wichtigen Zeichnungen schier endlos wäre, empfehle ich Ihnen einfach, in die großen Museen und Sammlungen zu gehen, wo immer Sie das tun können, oder aber Bücher und Postkarten als Referenz zu verwenden. Betrachten Sie Zeichnungen aus jeder Epoche, um die unterschiedlichen Stile und Arbeitsmethoden zu erkennen. Vor allem die Künstler des 19. und 20. Jahrhunderts zeigen eine große stilistische und technische Breite.

Das Zeichnen der menschlichen Figur gleicht einer nie endenden Entdeckungsreise. So lange und intensiv man auch das Modell studiert hat, es ist doch verblüffend, wie man immer wieder etwas Neues findet, seien es einige feine Formbeziehungen oder ein überraschendes Detail. Jeder Mensch und jede Pose ist anders. Wenn man versucht, diese nur schwer erfaßbare „Besonderheit" jedes Modells zu zeichnen, so ist das schon Herausforderung und Anreiz genug.

Vor allem aber sollte man Spaß am Zeichnen haben. Das hört sich nach einer abgedroschenen Phrase an, ist aber trotzdem wahr. Zeichnen, vor allem das Zeichnen von Figuren, ist nicht leicht. Wenn es aber einmal gut läuft, ist es für den Künstler wie für den Betrachter ein großes Vergnügen.

„Mädchen mit gesenktem Kopf" von Egon Schiele
Egon Schiele gehört zu meinen Lieblingskünstlern des 20. Jahrhunderts. Er schuf eine große Anzahl von sehr ausdrucksstarken, oft leidend wirkenden Selbstporträts und Zeichnungen seiner Modelle. Hier hat er die Spannung der Pose mit einigen wenigen Strichen entlang der Kontur der Figur eingefangen.

MATERIAL

ZEICHENKOHLE

Zeichenkohle eignet sich für schnelle Skizzen ebenso wie für feine Details. Man kann weiche Stücke für weiche Übergänge von Hauttönen verwenden, die härteren Sorten für scharfe Konturlinien und Texturen in Haar oder Kleidern.

ZEICHENKOHLE WURDE SCHON in prähistorischer Zeit verwendet. Die heute von Künstlern eingesetzten Zeichenkohlen werden aus verkohlten Weiden- oder Rebzweigen hergestellt. Es gibt sie in verschiedenen Längen und Dicken bei allen guten Fachgeschäften für Künstlerbedarf. Zeichenkohlestifte in Holzfassungen lassen sich gut zuspitzen und eignen sich deshalb für feine Details. Um größere Flächen herzustellen, läßt sich Kohlepulver mit der Hand oder mit einem kurzen Torchon auftragen.

Kohle ist ein sehr vielseitiges Zeichenmittel. Man kann sie für rasche, lineare Skizzen einer sich bewegenden Figur verwenden, um die Dynamik festzuhalten. Genaue Details können mit kleinen Stücken oder mit der scharfen Kante einer gebrochenen Kohle gezeichnet werden. Mit den Fingern oder einem Torchon kann man Kohlelinien leicht verwischen und auch größere Tonwertflächen anlegen.

Die Möglichkeit, eine Kohlezeichnung ständig zu überarbeiten, macht gerade den Reiz dieses Mediums aus. Man kann die Kohle leichter als andere Zeichenmittel verreiben, verändern und sogar vollständig auswischen. Dazu nimmt man am besten weiches Brot, einen Knetgummiradierer und für schärfere und hellere Effekte einen harten Radiergummi (s. Kasten gegenüber).

Seien Sie also von Anfang an mutig! Sie können ja alle Fehler leicht überarbeiten. Sobald Ihre Zeichnung fertig ist, dürfen Sie allerdings das Fixieren nicht vergessen, um Ihre Zeichnung nicht unabsichtlich zu verwischen.

Breite Tonwertflächen
Seien Sie mutig! Hier habe ich mit großen Kohlestiften breite Schraffuren angelegt und dann mit der Hand verwischt, um die Modellierung des Körpers zu verstärken. Die dunklen Konturen wurden mit einem frisch gebrochenen Stück Kohle gezeichnet. Die Lichter entstanden durch Auswischen mit einem Knetgummiradierer.

Zeichenkohle überarbeiten

Machen Sie sich nichts daraus, wenn Ihre ersten Linien zu grob aussehen. Das Schöne an der Zeichenkohle ist, daß diese Linien allmählich von der nachfolgenden, feineren Modellierung überdeckt werden. Der Übergang zwischen der schattigen Seite des Gesichts und der Stirn wurde zuerst mit einem kräftigen schwarzen Strich markiert und dann beim Überarbeiten weicher gestaltet.

Zeichenkohlestift

Zeichenkohle entfernen

Man kann einzelne Stellen in Kohlezeichnungen leicht entfernen, um einfallendes Licht darzustellen oder um Lichter auf dunkle Flächen zu setzen.

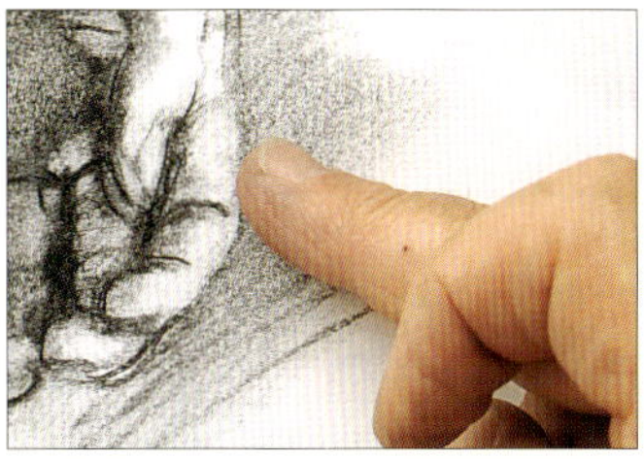

Abtönen

Verreiben Sie die Kohle mit den Fingern, um zu dunkle Flächen aufzuhellen. Hier wird eine gleichmäßige Tonwertfläche geschaffen, vor der sich die Hand plastisch abhebt.

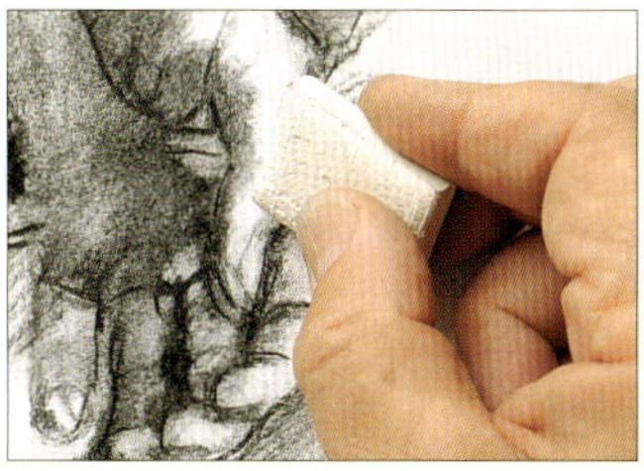

Weiche Lichter

Verwenden Sie einen Knetgummiradierer für die weichen Lichter zur Modellierung der Hand.

Knetgummiradierer

Weiche Übergänge

Mit einem Torchon (oder Tortillon) können Sie Schattierungen vorsichtig verreiben und weiche Helldunkel-Übergänge schaffen.

Torchon

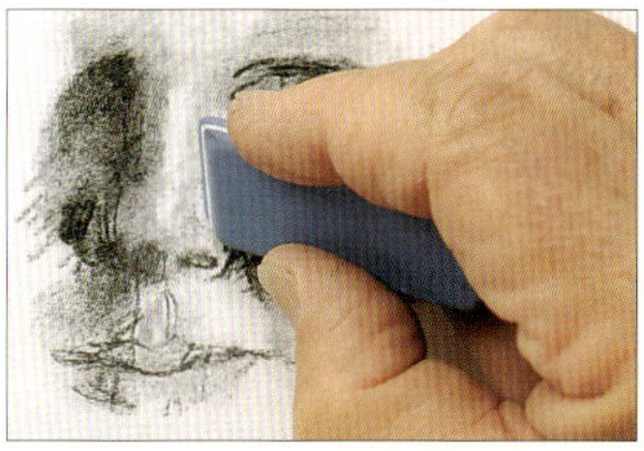

Helle Lichter

Mit einem harten Radiergummi schaffen Sie helle, kräftige Lichter, wie hier auf dem Nasenbein.

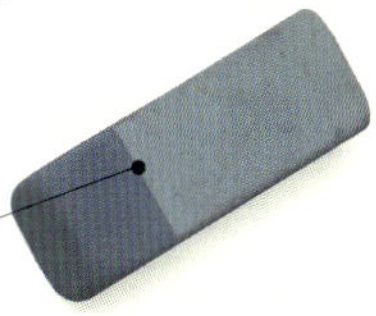

Harter Radiergummi

Zeichnen mit Tonwerten

Wenn Sie eine Zeichnung mit starker Schattenwirkung machen wollen, nehmen Sie für die Vorzeichnung dünne Kohlestücke und gehen dann zu größeren, dickeren Stiften über. Die Schatten entstanden durch Verreiben der Schraffuren mit den Fingern. Mit einem Knetgummiradierer wurden die hellen Stellen im Gesicht und auf der Hand sowie die weichen Modelliereffekte, wie das Reflexlicht auf der Backe, geschaffen.

Dünne Zeichenkohle aus Weidenzweigen

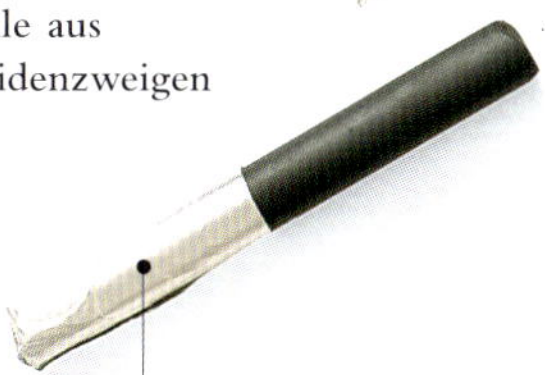

Zeichenkohle mittlerer Stärke mit Schutzhülle

GRAPHIT- & FARBSTIFTE

Zeichnungen mit Graphitstift sind dauerhafter als Kohlezeichnungen. Man kann aber auch eine Bleistiftzeichnung durch Radieren verändern oder auch wieder ganz entfernen.

ALLE GRAPHITSTIFTE BESTEHEN aus einer Standardmischung aus Ton und dem Mineral Graphit. Die harten Sorten reichen von H bis 9H. 9H ist der härteste Bleistift. Er ist sehr schwer auszuradieren und hinterläßt selbst unter starkem Druck nur hellgraue Linien und feine Tonwerte. Die weichen Sorten sind mit B bis 9B ausgezeichnet. Der 9B-Stift ist am weichsten. Man findet aber selten Stifte, die weicher als 6B sind. HB bezeichnet den mittleren Grad.

Die weichen B-Stifte ähneln der Zeichenkohle. Man braucht den Stift nur kurz aufzusetzen und erhält schon eine deutliche, schwarze Spur. Ebenso leicht läßt er sich ausradieren.

Halten Sie den Bleistift zu Beginn ganz locker. Sobald Sie beim Zeichnen sicherer werden, können Sie den Druck verstärken. Setzen Sie die dunkelsten Striche für besondere Akzente ein.

Die Dichte des Bleistiftstrichs hängt zudem von der verwendeten Papiersorte ab. Auf einem harten Papier erscheinen die Striche intensiver als auf weichem Papier. Wenn man zum Beispiel mit einem 6H-Stift auf einem mit Gesso grundierten Papier zeichnet, wirkt das ähnlich wie ein 4B-Stift auf einem weichen, dicken Zeichenpapier. Auch mit Farbstiften lassen sich viele schöne Effekte erzielen.

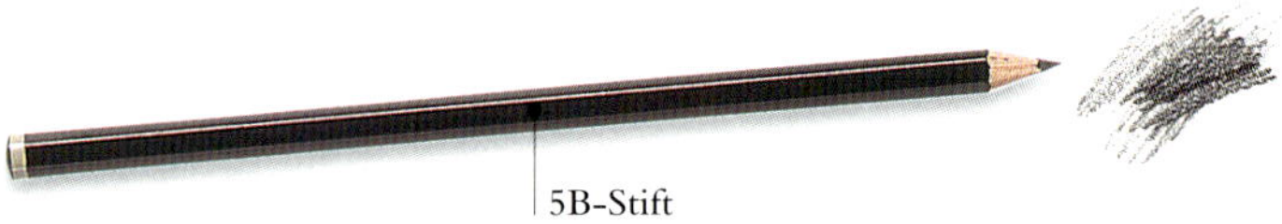
5B-Stift

Harter Radiergummi

Weiche Bleistiftzeichnung

Ein 5B-Stift hinterläßt auf einem rauhen Aquarellpapier intensive, schwarze Striche. Man muß den Stift also zunächst sachte aufsetzen. Zu Beginn der Zeichnung hielt ich den Bleistift ganz locker und ließ ihn fast nur mit dem eigenen Gewicht auf dem Papier gleiten. Zum Schluß drückte ich den Stift stärker auf, um die dunklen Schatten zu schaffen und die schwingende Konturlinie der Figur an einigen Stellen zu betonen.

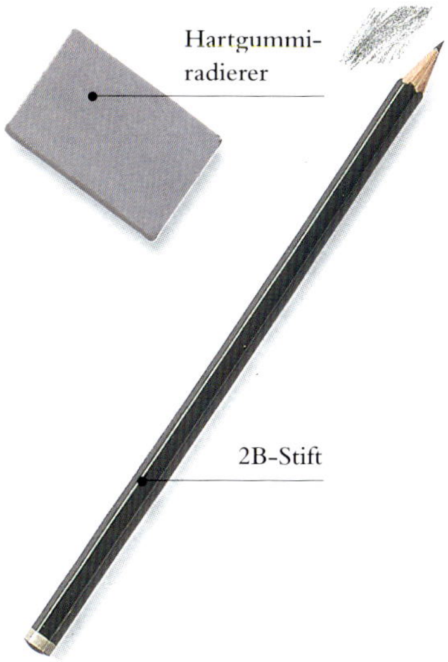

Bleistift mittleren Grades
Mit einem 2B-Stift kann man ziemlich genau arbeiten. Hier sehen Sie eine detailreiche Figurenstudie mit Interieur. Auch weichere Schattierungen sind mit diesem Bleistift möglich. Achten Sie darauf, wie die Körnung des halbrauhen Aquarellpapiers durch die schattigen Flächen scheint.

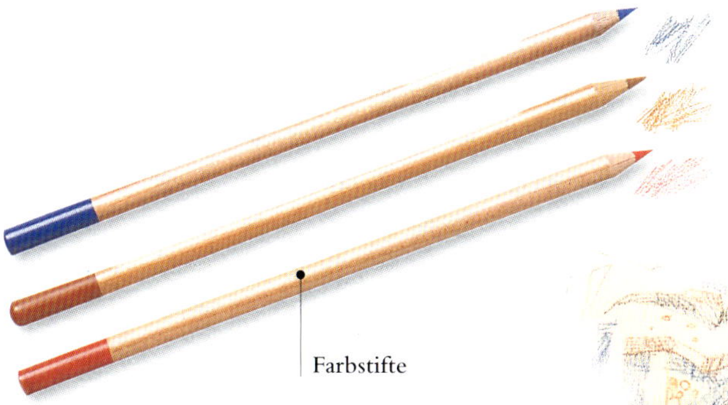

Farbstifte
Farbstifte bestehen nicht aus Graphit, sondern aus pigmentiertem Wachs. Es gibt sie in einer breiten Farbskala in nur einem Härtegrad. Man muß ziemlich fest aufdrücken, um etwas auf das Papier zu bringen. Am besten nimmt man zum Zeichnen ein hartes, körniges Papier.

Unterschiedliche Effekte

Die Art der Bleistiftstriche hängt von dem Härtegrad, der Spitze und dem Papier ab. Experimentieren Sie, damit Sie mit den verschiedenen Effekten vertraut werden.

Graphitstift
Ein Graphitstift erzeugt eine dicke Linie. Auf einer rauhen Oberfläche ähnelt die Wirkung der Zeichenkohle, ist aber weniger leicht auszuradieren.

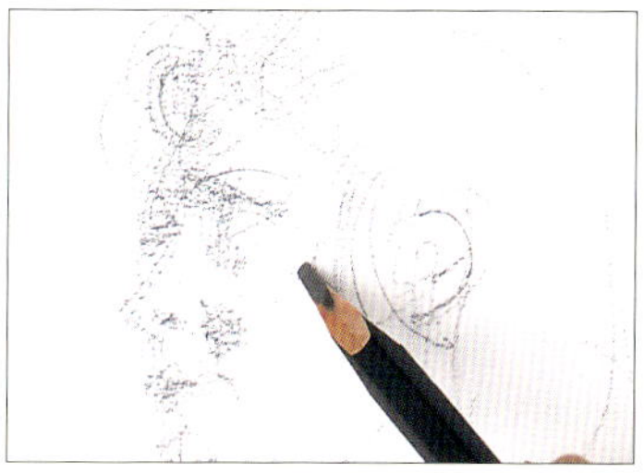

Meißelförmige Spitze
Mit einem meißelförmig zugespitzten Bleistift lassen sich sowohl feine Linien mit der Spitze als auch breite Striche mit der flachen Seite machen.

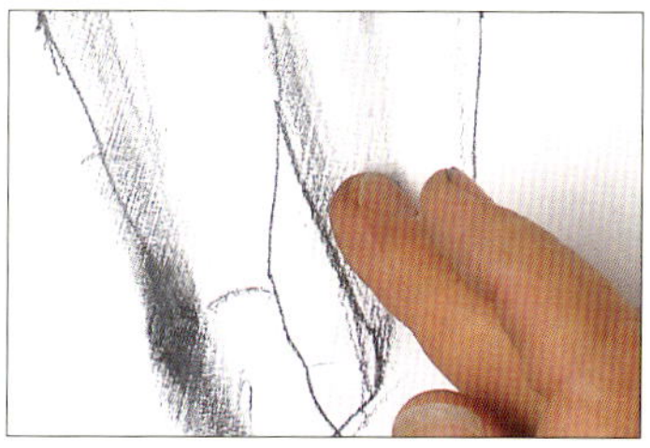

Gessogrund
Auf einer mit Gessogrundierung beschichteten Zeichenfläche erscheinen die Bleistiftstriche wesentlich schwärzer. Mit etwas Wasser lassen sich die Striche verwischen, um Tonwerte zu schaffen.

Kreide & Pastellfarben

Conté- und Pastellkreiden werden aus schwach mit Gummiarabikum gebundenen Pigmenten hergestellt. Mit diesen sehr reinen Farbtönen lassen sich Hauttöne naturgetreu wiedergeben oder, wenn man will, auch stark hervorheben.

Der Unterschied zwischen Kreiden und Pastellstiften ist ziemlich gering. Kreiden gelten als etwas härter und rauher. Kreiden wie Pastelle gibt es in Stiftform und in verschiedenen Größen und Dicken. Es gibt hervorragende weiche Pastellsorten in einer großen Auswahl an Farben und Schattierungen. Man kann jedoch, vielleicht wider Erwarten, Pastelle und Kreiden nicht so einfach wegwischen, sondern muß die fehlerhaften Stellen überzeichnen. Farbtöne lassen sich dafür leicht durch Schraffieren und Tupfen oder durch Verwischen der Pastellstriche ausmischen (s. Kasten gegenüber).

Weiche Pastellkreiden sind ein besonders vielseitiges Medium. Mit der Kante der Kreide lassen sich feine Linien ziehen, mit der Breitseite dickere Striche oder rauhe Texturen schaffen. Conté-Kreiden lassen sich zwischen harten Kreiden und weichen Pastellen einordnen. Ursprünglich wurden sie nur von der französischen Firma Conté in Paris hergestellt, sind aber inzwischen überall als Kreiden und in Stiftform erhältlich. Ich verwende Conté-Kreiden nur in den Erdfarben Rötel und Umbra natur.

Um sie nicht unabsichtlich zu verwischen, sollten Pastell- und Kreidezeichnungen genau wie Kohlezeichnungen fixiert werden. Einige Künstler glauben jedoch, daß das Fixieren die Pastellfarben verändert, und schützen ihre Pastelle mit Pauspapier oder rahmen sie zur Hängung unter Glas.

Begrenzte Farbskala von Conté-Stiften
Ein oder zwei Farbtöne können eine monochrome Zeichnung erstaunlich beleben. Diese Zeichnung einer schlafenden Tänzerin wurde hauptsächlich mit schwarzen und grauen Conté-Stiften angefertigt. Ich setzte aber auch eine weiße Conté-Kreide ein, um die Lichter auf dem Körper zu betonen. Mit einem Conté-Stift in Siena natur machte ich Kopf und Hände zum Blickfang der Zeichnung.

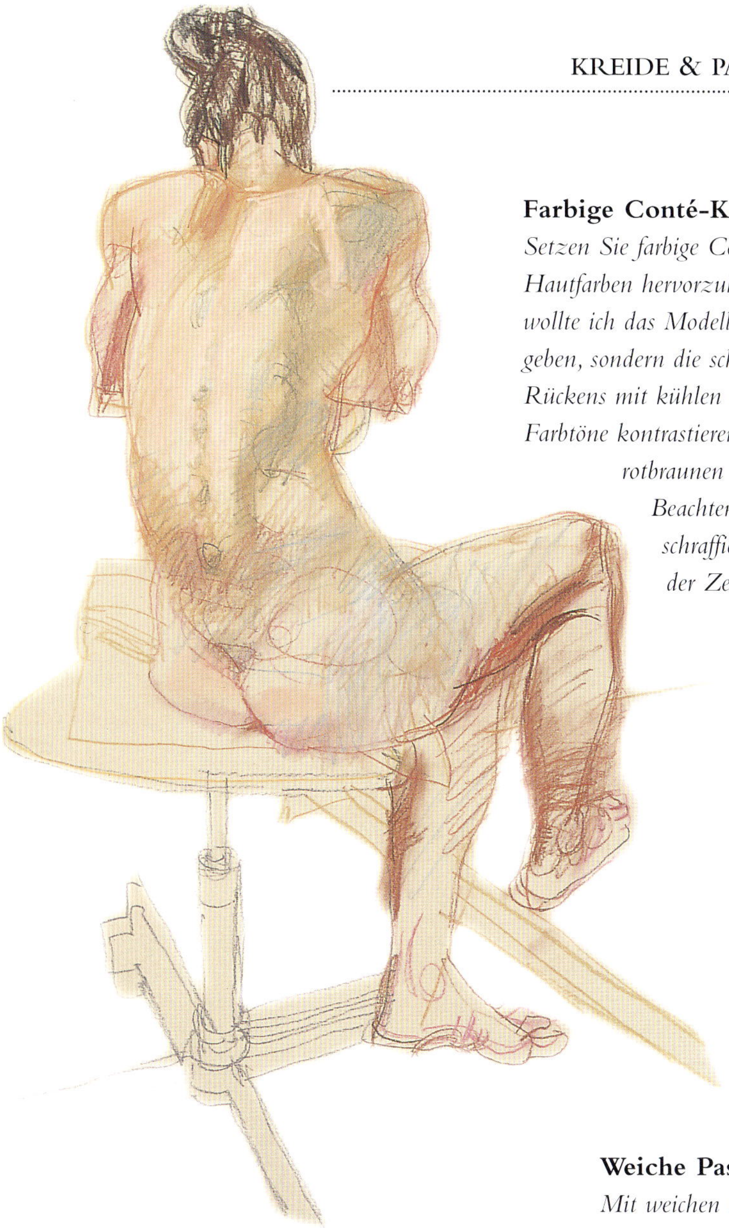

Farbige Conté-Kreiden

Setzen Sie farbige Conté-Kreiden ein, um die Hautfarben hervorzuheben. In dieser Zeichnung wollte ich das Modell nicht naturgetreu wiedergeben, sondern die schöne, starke Form des Rückens mit kühlen Farben betonen. Diese Farbtöne kontrastieren gut mit den übrigen rotbraunen Farben der Zeichnung. Beachten Sie auch, wie die locker schraffierten Striche die Vitalität der Zeichnung unterstützen.

Conté-Kreiden

Weiche Pastellkreiden

Mit weichen Pastellkreiden kann man sehr malerische Effekte erzielen. Die Farben gehen in dichten Lagen ab und lassen sich durch das Überlagern weiterer Schichten schnell modifizieren. Meist nehme ich für Pastellzeichnungen ein getöntes Papier oder einen farbigen Karton. Das braune Papier diente hier zur Festlegung der mittleren Tonwerte, die ich dann mit den entsprechenden Pastellkreiden höhen bzw. schattieren konnte.

Weiche Pastellkreiden

Pastellfarben mischen

Pastellfarben lassen sich auf dem Papier entweder durch Verwischen oder durch Kreuzschraffieren mehrerer Farbtöne mischen.

Farben verwischen

Legen Sie zwei oder mehrere Farben flächig an und verreiben Sie dann die Farben mit dem Finger oder einem Stück Papier zu einem gleichmäßigen Mischton.

Farben kreuzschraffieren

Wenn man zwei verschiedene Farben kreuzschraffiert, entsteht im Auge des Betrachters eine dritte Farbe. Diesen Prozeß nennt man „optische Mischung". Hier sehen Sie, wie gelbe Linien über Blau ein Grün erzeugt haben.

Farbmischen in der Praxis

Beide oben erwähnten Farbmischmethoden sind in dieser Zeichnung angewandt worden. Für das Haar wurden schraffierte Strichlagen verwendet, die Hauttöne des Gesichts wurden dagegen weich verrieben.

FEDER & TUSCHE

Die Arbeit mit Feder und Tusche kann vor allem den Anfänger etwas entmutigen, da jeder Strich unwiderruflich ist. Aber das macht auch ihren Charme aus. Eine Zeichnung mit Tusche und Feder sollte ganz spontan entstehen. Entweder gelingt sie sofort oder überhaupt nicht.

AUSDRUCKSSTARKE TUSCHZEICHNUNGEN mit fließenden, sicher gesetzten Linien sind eine Augenweide, gelingen aber nur sehr schwer. Da man Tusche nicht ausradieren kann, verlangt dieses Zeichenmittel Mut und Selbstsicherheit. Das läßt sich jedoch antrainieren. Die verwendete Tusche sollte nicht wasserfest sein, damit man sie mit Wasser lavieren kann. Wenn man in dieser Technik noch ungeübt ist, kann man die Figur mit kleinen Strichen oder Punkten andeuten und später mit Linien nachziehen. Diese Methode wird in der Übung zur Umrißzeichnung auf den Seiten 32 und 33 angewandt.

Man muß natürlich nicht alles mit festen Linien ausarbeiten. Vielleicht wollen Sie die Zeichnung hier und da mit einigen Punkten und Schraffuren beleben. Um Schattenzonen zu schaffen, kann man entweder die (nicht wasserfeste) Tusche mit dem Finger verwischen (s. farbige Tuschen, unten) oder aber mit Schraffuren, Kreuzschraffuren, selbst mit Punktfeldern arbeiten. Wenn man die Feder abwechselnd in Tusche und Wasser taucht, kann man den Tonwert der Striche variieren. Sie müssen auch nicht unbedingt schwarze Tusche verwenden, es gibt eine Menge farbiger Tuschen im Fachhandel.

Farbige Tusche

Tauchfeder

Farbige Tuschen

Mit Tusche und Feder lassen sich vielfältige Linien, Texturen und Tonwerte schaffen. Für diese farbige Tuschezeichnung tauchte ich meine Feder ständig in einen Becher Wasser, um Tonwert und Stärke meiner Striche zu variieren. Mit Kreuzschraffuren, Verwischen und Abdrücken der feuchten Tusche habe ich versucht, zusätzliche Tonwerte und Effekte zu schaffen.

Tuscheeffekte

Tusche und Feder sind sehr vielseitige Zeichenmittel. Experimentieren Sie mit verschiedenen Federn und Papieren und probieren Sie auch einmal die hier beschriebenen Techniken aus.

Punktieren

Bevor Sie sich an schwungvolle Linien herantrauen, können Sie sich auch mit Hilfe von kleinen Punktreihen herantasten.

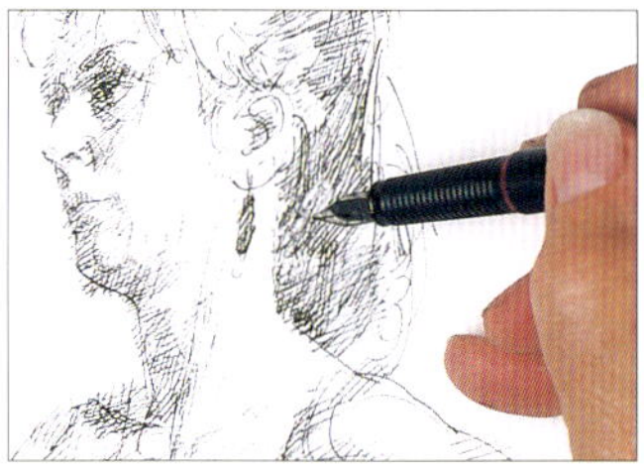

Gebrochene Linie

Auf rauhem Aquarellpapier entstehen gebrochene Tuschelinien, mit denen man gut Tonwerte aufbauen kann.

Verdünnte Tusche

Wenn man die große Bambusfeder abwechselnd in Tusche und Wasser taucht, ergeben sich breite, aber hellere Linien. Probieren Sie das jedoch erst auf einem Stück Papier aus.

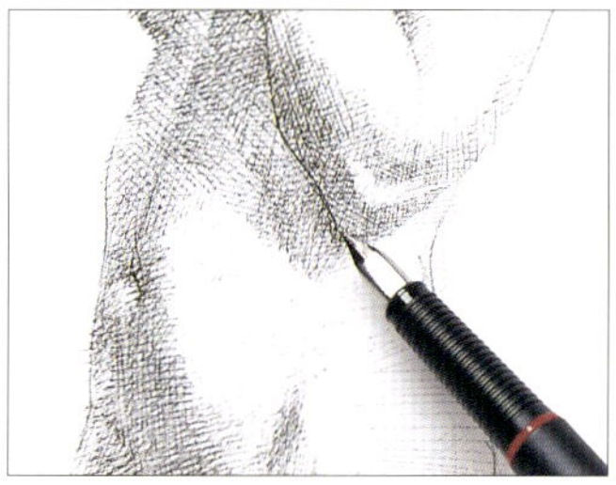

Schraffieren

Mit Schraffuren oder Kreuzschraffuren lassen sich sehr feine Töne aufbauen. Nehmen Sie dazu eine frei fließende Feder und ein glattes Papier.

Tonwerte wiedergeben

Linien können nicht nur zur Darstellung von Umrissen, sondern auch bei der Wiedergabe von Tonwerten eingesetzt werden. Da es sehr mühsam ist, mit Tusche und Feder Tonwerte zu schraffieren, kann dies eine schnelle und effektive Alternative sein, um den Lichteinfall zu markieren.

Einen Umriß aufbauen

Tuschestriche sind endgültig. Seien Sie also mit dieser Technik vorsichtig. Zuerst setzte ich dünne, zarte Linien und verstärkte sie dann beim Überarbeiten mit dickeren, kräftigen Strichen. Die Schattierung auf dem Rücken soll die Formgebung unterstützen. Auch die Haare sind allein aufgrund von Linienstrukturen entstanden.

LINIE & LAVIERUNG

Eine reine Linienzeichnung hat ihre eigene, strenge Schönheit, arbeitet man jedoch mit zusätzlichen Lavierungen, könnenunterschiedliche Tonwertflächen angelegt und der Lichteinfall markiert werden.

Bei Zeichnungen mit Linie und Lavierung kann man eine ganze Reihe von Zeichenmitteln ausprobieren. Die lineare Zeichnung kann mit fast jedem Medium gemacht werden. Oft wählt man dafür Tusche und Feder wegen des starken Kontrasts zwischen den scharfen Linien und den weichen Lavierungen.

Die Lavierungen können mit wasserlöslicher oder wasserfester Tusche geschaffen werden. Verwendet man die gleiche Tusche für Linie und Lavierung, erhält man sehr schöne monochrome Zeichnungen mit vielfältigen Tonwerten, vom Weiß des Papiers über das Grau der Lavierungen bis zum Schwarz der Linien. Mit Aquarellavierungen bringt man dann noch Farbe in die Zeichnung. In der Studie mit Bleistift und Aquarell (s. unten) habe ich eher gedämpfte Farben genommen. Wenn jedoch Ihre Figur helle Kleider trägt, sollten Sie ruhig kräftige Farben verwenden, damit Ihre Zeichnung den richtigen Farbklang erhält. Achten Sie aber darauf, daß die Farben Ihre Zeichnung nicht in ein Gemälde verwandeln! Nehmen Sie für Lavierungen eine Zeichenfläche, die das Arbeiten mit Wasser verträgt. Aquarellpapiere müssen aufgezogen werden (s. S. 27).

Bleistift und Lavierung
Zuerst fertigte ich die Bleistiftzeichnung an, wobei ich schon einige Tonwertflächen anlegte, die ich später mit Lavierungen weiterbearbeiten wollte. Gehen Sie mit Lavierungen immer sparsam um! Sie müssen nicht jeden Quadratzentimeter des Papiers mit Farbe bedecken. Die kühlen Blau- und Purpurlavierungen gruppieren sich um die wärmeren Farben der Figur und der Schränke im Hintergrund und betonen so das Bildzentrum.

Feder und Tuschelavierung

Die Tonwerte in dieser Studie wurden mit der Feder gemacht. Die nachträglichen Tuschelavierungen, die in verschiedenen Stärken mit einem Chinapinsel aufgetragen wurden, dienen nur zur Vertiefung der Schattierung. Man hätte aber auch weniger Linien zeichnen und alle Tonwerte mit Lavierungen in Tusche oder Aquarellfarbe einsetzen können.

Mit Linie und Lavierung arbeiten

Eine Lavierung entsteht, wenn eine stark mit Wasser verdünnte Farbe in dünnen Schichten auf das Papier aufgetragen wird. Die ersten drei Abbildungen erläutern, wie man eine Lavierung anlegt. Gezeigt werden auch zwei Grundtechniken für Linie und Lavierung: Einmal werden zuerst die Linien gezeichnet, im zweiten Beispiel werden zuerst die Lavierungen angelegt.

Eine gleichmäßige Lavierung anlegen

1 *Nehmen Sie einen möglichst großen Pinsel. Halten Sie das Papier etwas schräg, tragen Sie die Farbe oben an der zu lavierenden Fläche auf und lassen Sie sie dann herunterlaufen und sich sammeln.*

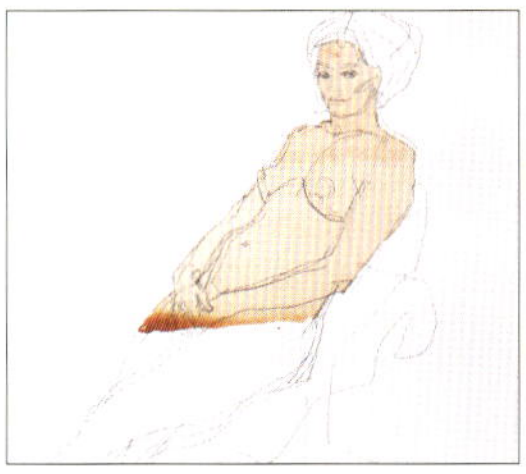

2 *Tragen Sie weitere Lavierungen auf diese Weise auf. Gehen Sie aber nicht noch einmal in die bereits lavierte Fläche hinein, da sonst Flecken entstehen können.*

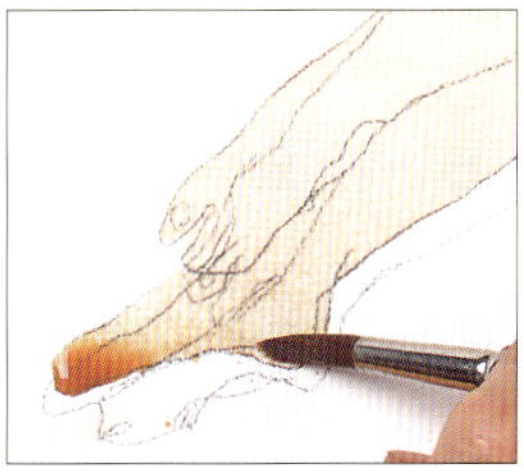

3 *Wiederholen Sie das so lange, bis Sie den unteren Rand der zu lavierenden Fläche erreicht haben. Dann drücken Sie den Pinsel aus und nehmen vorsichtig die überschüssige Farbe auf.*

Linien lavieren

Mit wasserlöslicher Tusche kann man Linien in Lavierungen verwandeln. Gehen Sie einfach mit einem feuchten Pinsel über die Linien und verwischen die Tusche zu einer Fläche.

Lavierungen anlegen

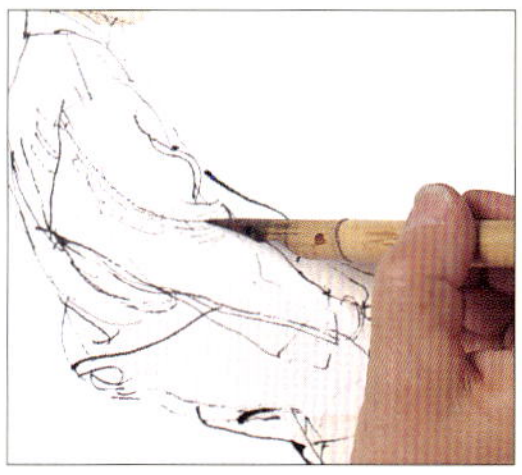

Sobald die Lavierung trocken ist, kann man mit einer Feder hineinzeichnen. Allerdings erfordert das einige Sicherheit im Zeichnen, da man in den Lavierungen keine Hilfslinien mehr sieht.

AQUARELLFARBEN

Der Reiz des Aquarells liegt vor allem in seiner Transparenz. Durch Überlagern mehrerer Lavierungen erhält man differenzierte, leuchtende Farbflächen, die die Figur beleben.

Unter dem Begriff Aquarell werden mit Gummiarabikum schwach gebundene, feinstgeriebene Pigmente verstanden, die, in Wasser gelöst, leuchtende Farbtöne ergeben. Auch Acrylfarben können mit Wasser verdünnt werden. Nach dem Auftrag trocknen sie aber rasch wasserfest auf. Gouache (oder Deckfarbe) ist ähnlich beschaffen wie Aquarell, deckt aber durch den Zusatz von Calcit (oder anderen Stoffen) den Malgrund besser ab (s. S. 24-25).

Zuerst muß man sich für pastose Aquarellfarbe in Tuben oder feste Aquarellfarbe in Näpfchen entscheiden. Letztere sind sehr praktisch, weil sie rasch zur Hand sind.

Künstler-Aquarellfarben in Näpfchen sollten sich schnell mit einem nassen Pinsel anlösen lassen. Es gibt sie in ganzen und in halben Größen.

Aquarellfarben in Tuben eignen sich vor allem zum Anmischen größerer Farbmengen. Die Farbe wird in der gewünschten Menge auf eine Palette gedrückt und mit Wasser gemischt. Allerdings ist es schwierig, die eingetrocknete Farbe wieder anzulösen. Wenn man zuviel Farbe ausgedrückt hat, muß man die nicht verwendeten Farbreste abkratzen. Für welche Farbsorte Sie sich auch entscheiden, kaufen Sie unbedingt die beste Qualität.

Auf einem glatten Papier malen
Lavierungen auf einem glatten, nicht saugenden Grund, wie auf dem hier verwendeten heiß gepreßten Papier, fließen länger und verleihen dem Bild eine interessante, aber schwer vorhersehbare Note. Da die Farbe nicht tief in das Papier einziehen kann, läßt sie sich ziemlich leicht auswaschen. Auch beim Übermalen wird sich etwas Farbe von der Lavierung darunter anlösen.

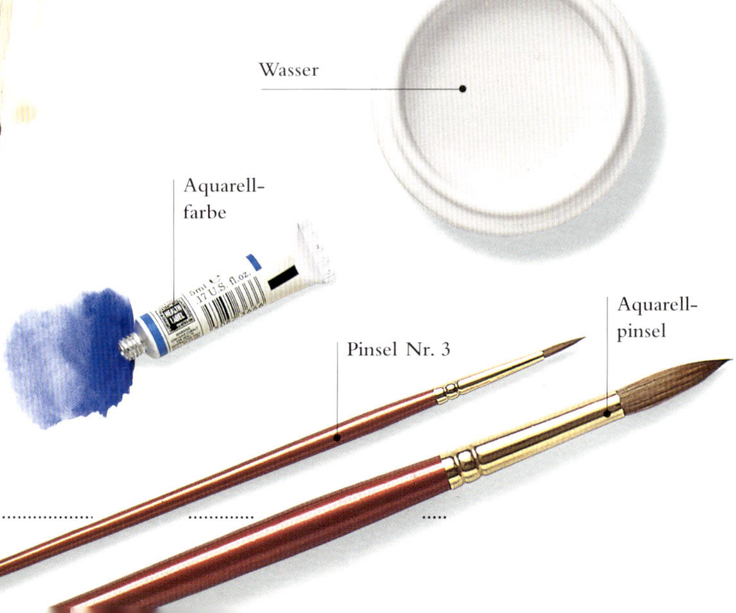

Lichthöhungen schaffen

Farbtöne werden im Aquarell allmählich durch Überlagern dunkler werdender Lavierungen aufgebaut. Helle Farbtöne werden durch eine stark verdünnte Lavierung geschaffen, durch die der weiße Papiergrund durchschimmern kann. Helle Lichter können mit den unten aufgeführten Techniken hervorgerufen werden.

Abdeckflüssigkeit

1 *Man trägt die Abdeckflüssigkeit mit einem Pinsel oder, wie hier, mit einer Feder auf. Nach dem Trocknen schützt diese Schicht den unteren Farbton vor weiteren Lavierungen.*

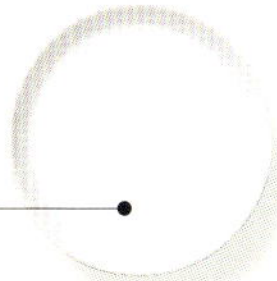

2 *Sobald die folgenden Lavierungen getrocknet sind, kann man die gummiartige Schicht abrubbeln und deckt die helleren Farbtöne auf.*

Farbe abtupfen

Farblavierungen auf einem glatten Papier können mit einem Lappen, einem Schwamm oder, wie hier, mit einem Wattestäbchen abgetupft werden.

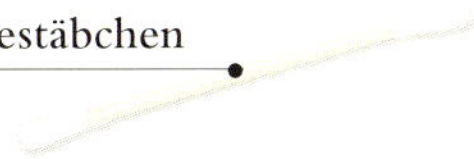

Lichter auskratzen

Falls man ein wichtiges Licht vergessen hat, läßt sich die trockene Farbschicht auch mit einem Schneidemesser vorsichtig abkratzen. Das Papier muß dazu jedoch ausreichend fest sein.

Lavierungen übermalen

Hier verwendete ich die klassische Aquarellmethode. Zuerst legte ich die hellsten Farbtöne an und malte dann nach dem Trocknen mit mehreren Lavierungen die dunkelsten Schatten. Der dunkelste Farbton im Gesicht, neben der Nase, entstand aus drei Farbschichten, einem sehr hellen Grundton und zwei dunkleren, aus Siena natur und gebrannt.

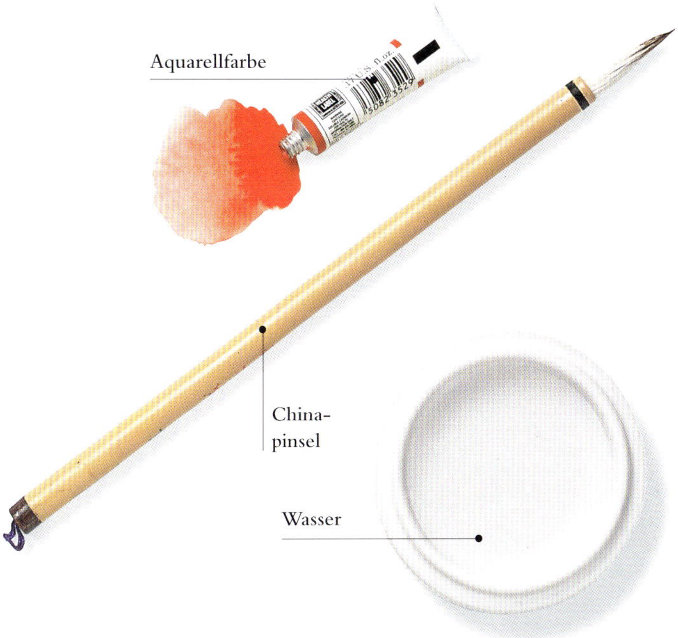

GOUACHE

Gouachefarben sind ein vielseitiges und dankbares Medium, mit dem man leicht malerische Effekte in die Zeichnung einbringen kann. Eine Figur läßt sich mit Gouache durch helle, deckende Töne, kräftige Farbflächen und ausdrucksstarke Texturen darstellen.

BEIM AQUARELLIEREN KONTROLLIERT man den Farbton durch die zugefügte Wassermenge. Je mehr Wasser man zufügt, desto mehr scheint das weiße Papier durch und desto heller erscheint die Farbe. Wenn man aber eine Farbe durch Zugabe von Weiß aufhellt, hat man vom Aquarell zur Gouache gewechselt. Das Weiß macht die Farbe aber auch deckender. Wenn man also mit Gouache malt, kann man hellere Farben auf dunkle setzen, Texturen aufbauen und gebrochene Farbeffekte schaffen (s. Kasten gegenüber).

Die für Deckfarbeneffekte verwendete Farbe heißt Gouache und wird in Tuben oder Gläsern angeboten. Die meisten dieser Farben, vor allem die dunkleren Farbtöne, sind bei guter Qualität leicht transparent. Um wirklich deckende Abtönungen zu schaffen, sollte man Weiß hinzufügen. Wenn die Farben bereits Weiß enthalten, lassen sich deckende Farbflächen nicht mit transparenten in Kontrast setzen, und man bringt sich um einen der Reize der Gouachemalerei.

Auch bei der Gouache sollte man die alte Malerregel "fett auf mager" beachten. Das bedeutet, daß man zuerst die dunkleren Farbtöne in transparenten Schichten aufträgt und dann die helleren Töne mit pastoser und deckender Farbe aufsetzt. Die dünnen, dunklen Farbschichten fungieren als Schatten, während sich die pastosen, hellen Flächen vom Hintergrund abheben und das Licht reflektieren.

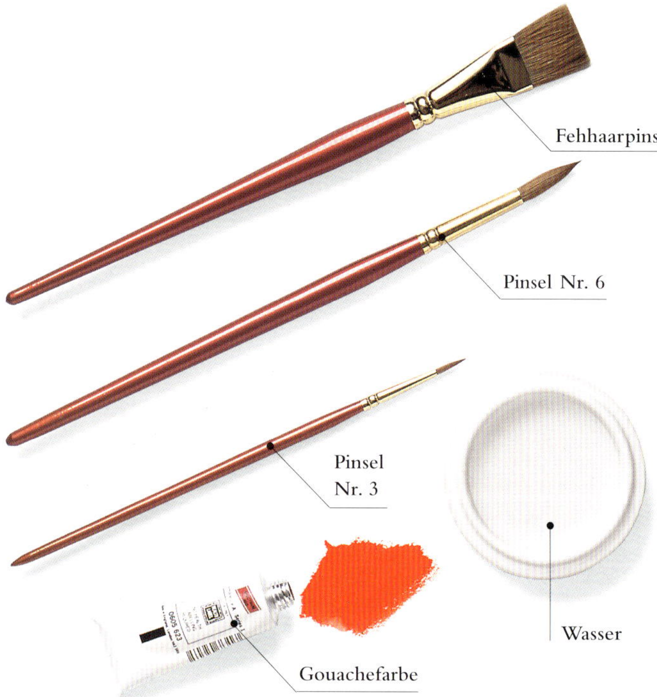

Deckende Farbe
Gouache erfordert eine rasche Vorgehensweise. Die Zeichnung für dieses Bild entstand ganz spontan mit einem Pinsel. Die Striche wurden dann nach und nach mit Gouache übermalt. Da ich mit dem rechten Bein nicht zufrieden war, habe ich es vollständig neu gezeichnet, indem ich es innen mit weißer Gouache übermalt und außen mit dunkler Farbe neu angesetzt habe.

Farbe und Textur aufbauen

Mit Gouachefarbe lassen sich Ölfarbeffekte nachahmen, wobei die Farbe sogar schneller trocknet und man keine speziellen Lösemittel verwenden muß.

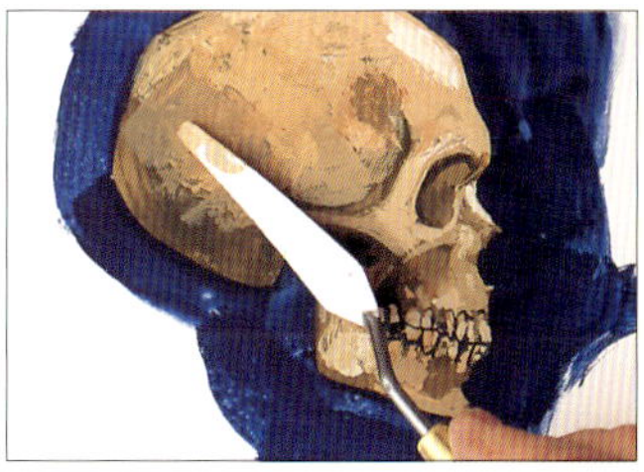

Impasto

Mit einem Spachtel (oder Palettmesser) aufgetragene Farbe ergibt eine rauhe Textur, die man Impasto nennt.

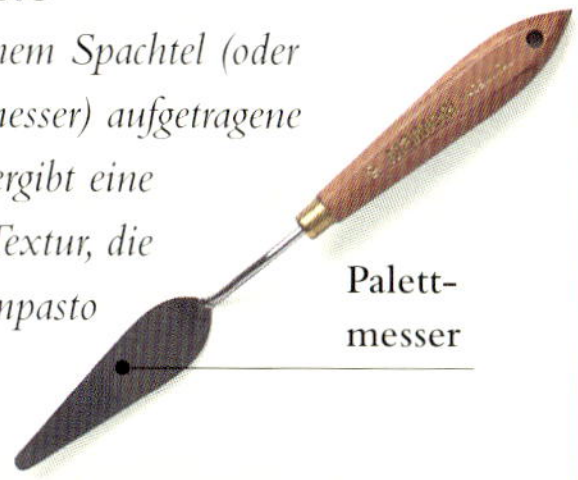

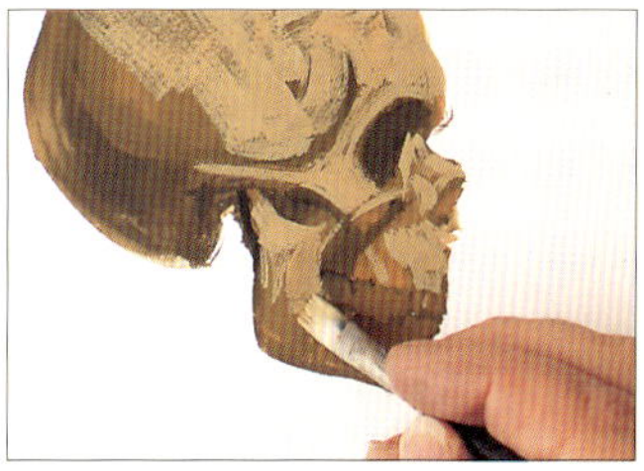

Verreiben

Gebrochene Farbeffekte erhält man, wenn man ziemlich trockene Farbe unregelmäßig über eine andere Farbschicht zieht oder reibt.

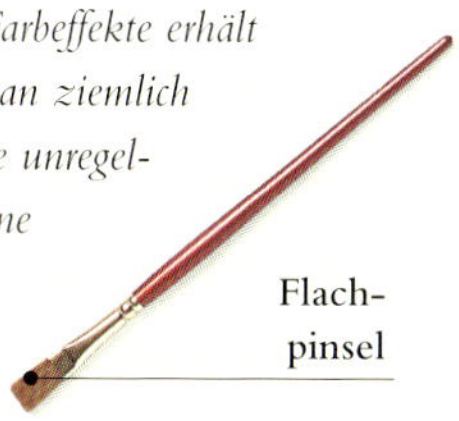

Ölstift

Ölstifte sind in Stiftform gepreßte Ölfarbe und eignen sich zur Herstellung schöner Texturen.

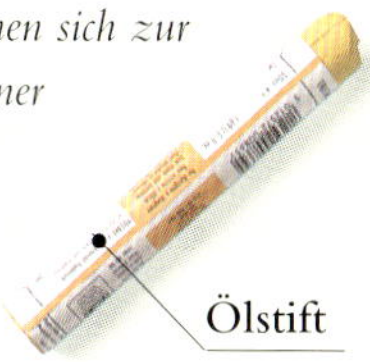

Deckenden Farbauftrag mit Transparenz verbinden

Mit Gouachefarben lassen sich transparente Lavierungen mit deckenden Farbflächen sehr reizvoll verbinden. Nach dem Vorzeichnen der Figur und des Betts legte ich die dunklen Töne mit verdünnten Lavierungen in Siena natur und gebrannt an. Diese Farben kontrastieren gut mit den helleren Farbtönen, die ich später mit Gouache einfügte.

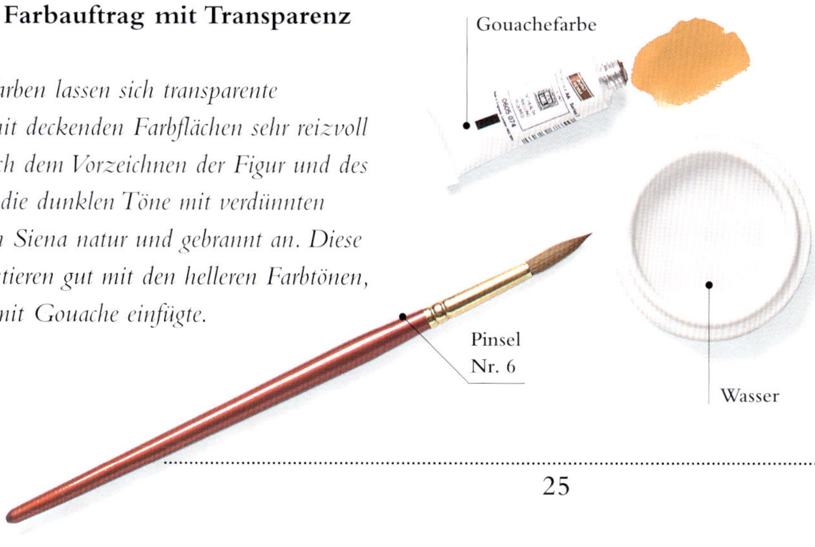

Papier

Es gibt eine verwirrende Auswahl an Papiersorten für den Künstler. Am besten wählt man eine Papiersorte, die zu dem jeweiligen Zeichenmittel paßt.

Zeichenpapier ist das Papier, das am häufigsten verwendet wird. Es ist billig, überall erhältlich und vielseitig einsetzbar. Ich nehme es für Zeichnungen mit Bleistift, Tusche und Feder sowie Kohle. Wenn es dick genug ist, kann man darauf aquarellieren oder sogar mit Öl malen. Pastellpapiere sind etwas härter als Zeichenpapier und haben mehr Körnung, um den Pastellstaub festzuhalten.

Aus der großen Vielfalt an Pastellpapieren ziehe ich meist das fein gerippte Ingrespapier vor. Früher wurden alle Aquarellpapiere mit der Hand gefertigt. Heute werden sie maschinell aus Holzpulpe statt aus reinen Hadern hergestellt. Aber auch so sind sie noch ziemlich teuer. Es gibt sie mit verschiedenen Oberflächen (s. Kasten rechts) und in unterschiedlichen Gewichten. Das Papiergewicht wird in g/qm ausgedrückt. Ein Papier mit 640 g/qm ist schon sehr dick und nimmt die Aquarellfarben auf, ohne sich zu verziehen oder Falten zu werfen. Dünnere Papiere müssen jedoch aufgezogen werden (s. Kasten gegenüber).

Das richtige Papier für das richtige Zeichenmedium

Ich habe hier vier verschiedene Papiersorten mit den jeweils passenden Zeichenmitteln bearbeitet, um die jeweiligen Effekte zu zeigen. Das sind jedoch nur einige Anhaltspunkte. Ein mit Gesso grundierter Karton kann zum Beispiel mit fast jedem Medium bearbeitet werden.

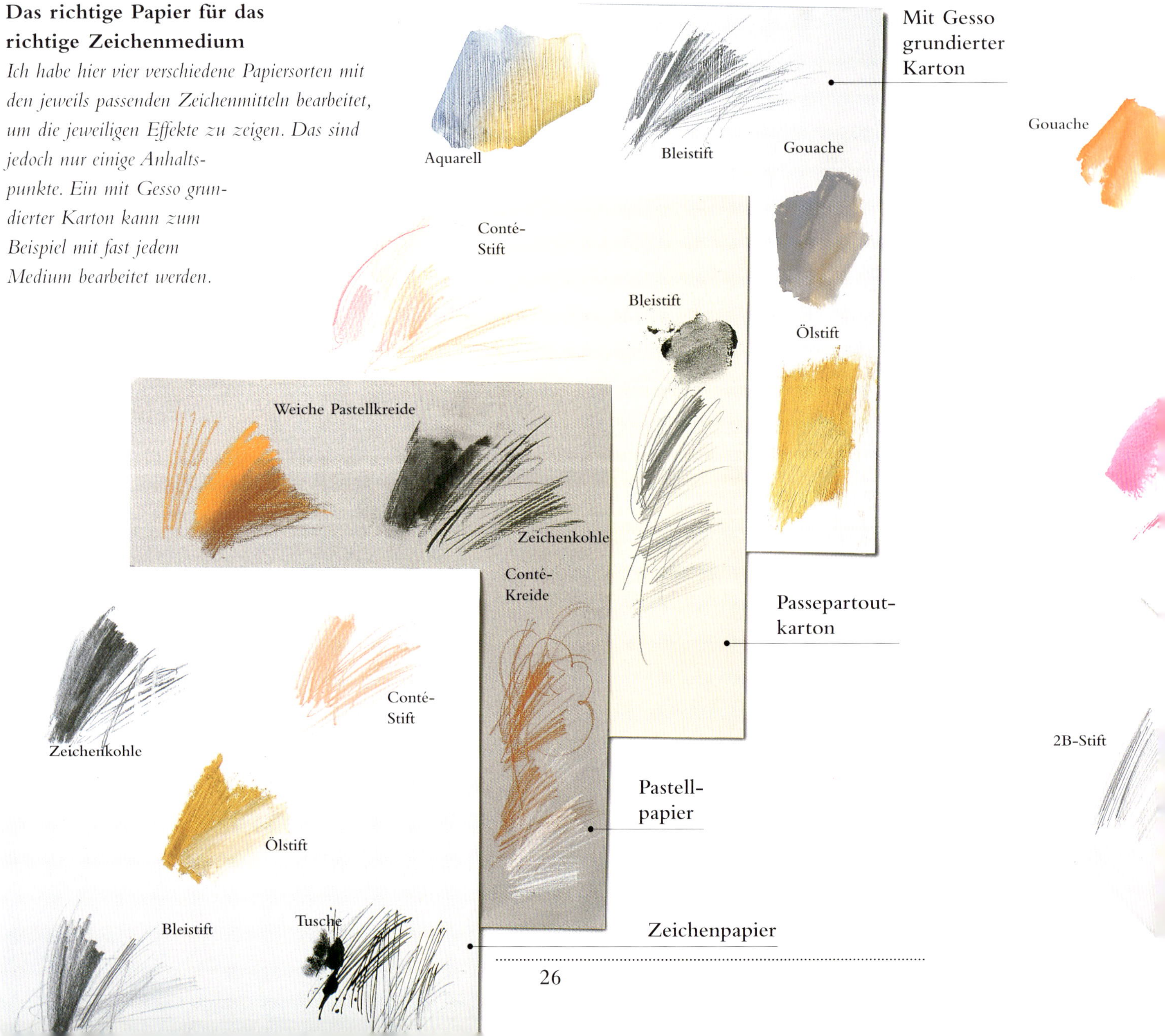

Aquarellpapier

Aquarellpapiere sind in drei Sorten erhältlich: rauh, mittel (kalt gepreßt) und glatt (heiß gepreßt). Diese Papiere sind eigentlich für Lavierungen gedacht, können aber auch für Zeichnungen mit Feder, Bleistift oder sogar Kohle verwendet werden. Auf rauheren Papieren erhält man meist dunklere Striche. Halbrauhes Papier ist am vielseitigsten einzusetzen und nimmt eine große Vielfalt von Zeichenmitteln an. In der Aquarellmalerei läßt es sich gut lavieren und zeigt trotzdem noch genug Textur.

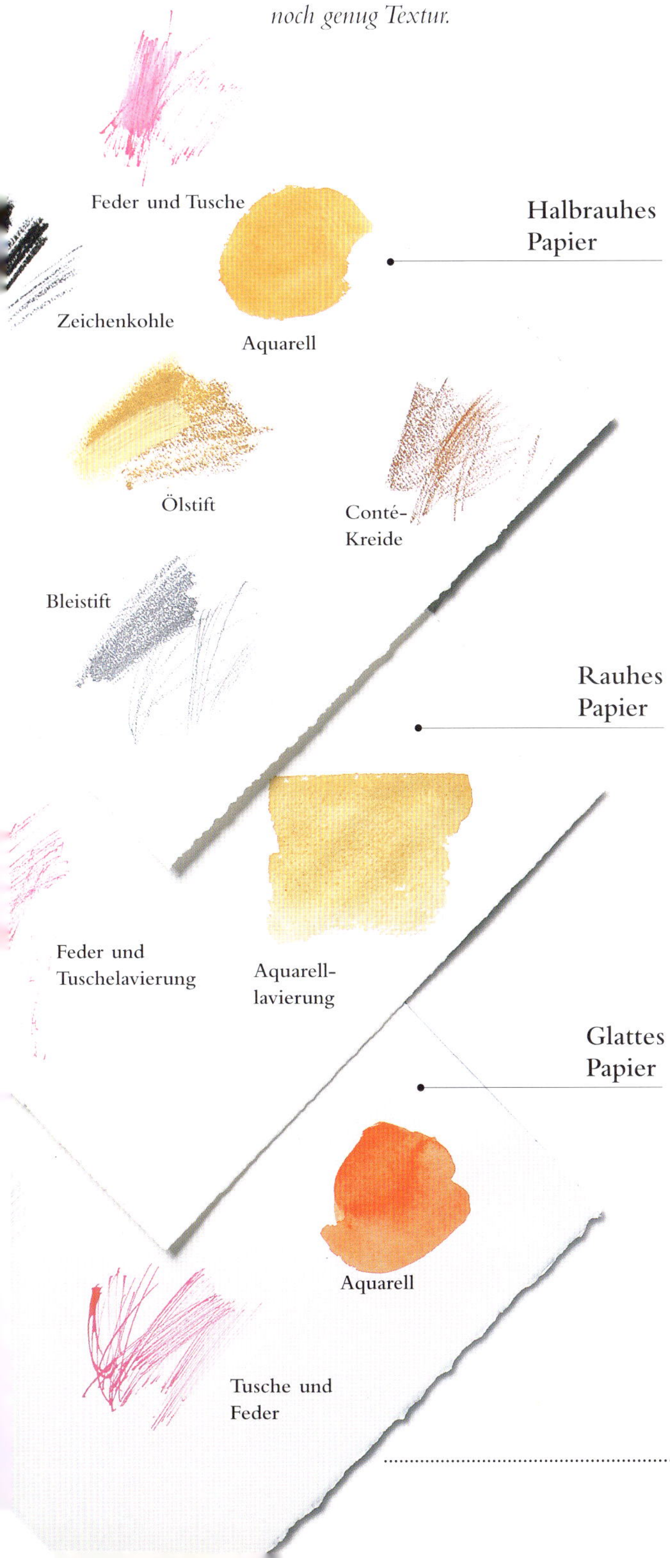

Papier aufziehen

Leichte Aquarellpapiere können sich bei Lavierungen verziehen oder verwerfen. Um ein Aquarellpapier flach zu halten, muß es, wie unten gezeigt, vorher aufgezogen werden. Man sollte auch schwere Papiere aufziehen, da auch sie sich verwerfen können.

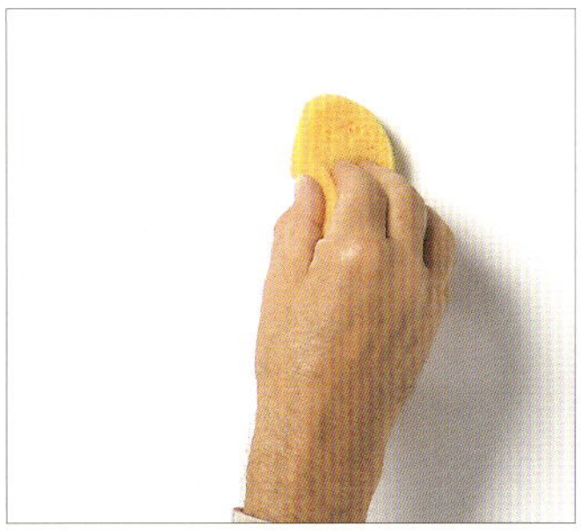

1 *Befeuchten Sie die Unterseite des Papiers gründlich mit einem Schwamm und sauberem Wasser. Lassen Sie das Wasser vom Papier mindestens fünf Minuten aufsaugen, bei schweren Papieren länger.*

2 *Während dieser Zeit schneiden Sie vier Klebestreifen in der Länge der vier Papierseiten und befeuchten den ersten Streifen.*

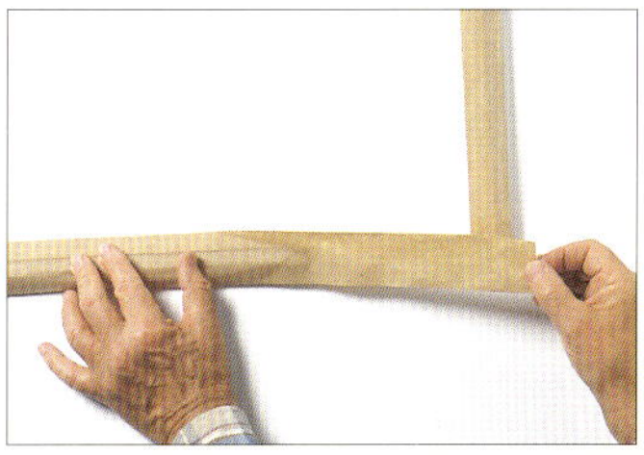

3 *Legen Sie das Papier mit der feuchten Seite auf eine feste Unterlage (Zeichenbrett) und kleben Sie auf der trockenen Seite alle vier Klebestreifen auf Papier und Brett auf.*

4 *Nach dem Aufziehen kann das Papier noch etwas verzogen sein. Beim Trocknen wird es sich ganz glattziehen und auch bei Lavierungen glatt bleiben.*

Weitere Tips

Feststecken

Wenn das Papier trocknet, schrumpft es zusammen. Dadurch können sich die Klebebänder an den Ecken lösen. Vier Reißzwecken sorgen für sicheren Halt.

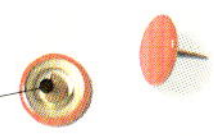

Reißzwecken

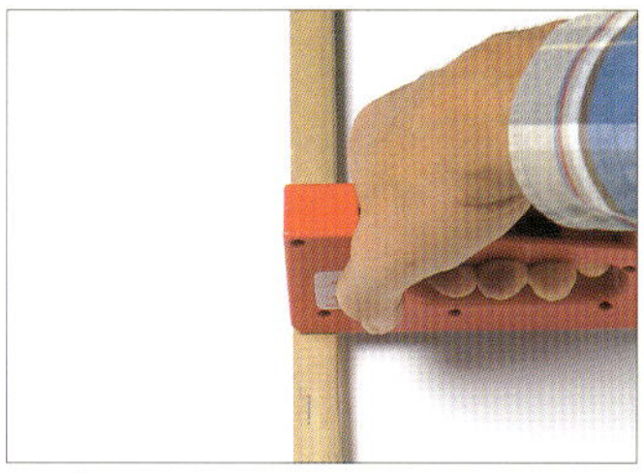

Tackern

Um dem Papier ganz sicheren Halt zu verleihen, kann man es auch auf das Brett tackern.

Tacker

GRUNDTECHNIKEN

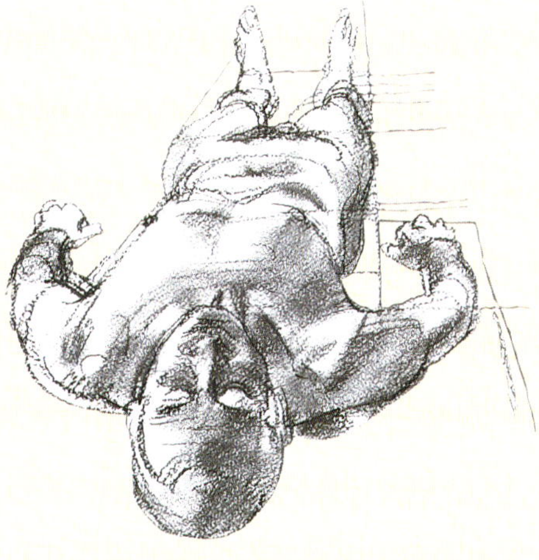

UMRISSZEICHNUNG

Ein Umriß (oder eine Kontur) dient nicht nur dazu, eine Figur vom Hintergrund abzuheben. Ein geübter Künstler kann damit auch die Form einer Figur wiedergeben oder sogar deutlich machen, wie die einzelnen Körperteile ineinander übergehen.

BEI AUSREICHENDEM LICHT können wir die Gegenstände um uns herum, wie zum Beispiel eine Figur in einem Raum, durch die Unterschiede in Tonwert oder Farbe erkennen. Mit Hilfe unserer binokularen Wahrnehmung können wir auch Tiefe wahrnehmen und dadurch das Volumen eines dreidimensionalen Gegenstandes erkennen sowie seine perspektivischen Verkürzungen verstehen. In einer Zeichnung müssen wir Tiefe und Volumen mit verschiedenen technischen Mitteln andeuten.

Eines dieser Mittel ist der Umriß oder die Kontur. Eine mechanisch gezogene Linie um die Figur sagt nicht viel über ihr Volumen aus. Wenn man jedoch die Linie aufbricht und mehrere Linien übereinander zeichnet, kann man einen Eindruck von Plastizität erzeugen. Bei einer menschlichen Figur kann man auch andeuten, wie die Körperteile einander zugeordnet sind.

Natürlich haben menschliche Figuren in der Realität keine Umrißlinien um sich herum. Ein Umriß ist nur ein zeichnerisches Mittel. Wir Menschen haben gelernt, solche Linienzeichnungen als Figur zu lesen. Das ist eine typisch menschliche Fähigkeit; Tiere können selbst einfache Linienzeichnungen nicht erkennen.

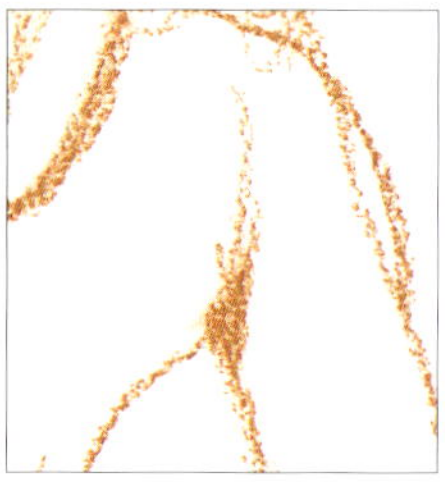

Hier habe ich an der Schulter zwei Linien gezeichnet. Das ist kein Fehler, sondern eine fast unbewußte Reaktion auf den Übergang des Oberarms (Trizeps) in die Schulter (Deltamuskel). Die doppelten Linien sollen andeuten, wie eine Muskelpartie sich von einer anderen abhebt.

Um überlappende Formen anzuzeigen, kann man den Strich etwas auslaufen lassen. Hier habe ich in die Brust des Modells gezeichnet, um die Form des Rückens zu suggerieren. Auch die etwas vage Linie, die die Hüfte wiedergeben soll, habe ich weiter nach oben gezogen, um die Beugung der Taille anzudeuten.

Eine Konturlinie aufbrechen

Diese einfache Rötelzeichnung soll demonstrieren, wie man eine feste Umrißlinie variieren und aufbrechen kann. Zuerst habe ich mehrere kräftige Striche gezogen, um das Haar des Modells anzudeuten. Um einen Eindruck vom Körpervolumen zu geben, habe ich mehrere Linien gezeichnet, die sich überschneiden und in die Kontur hineinreichen. Einige Formen schieben sich auch ineinander, wie bei Schenkel und rechter Ferse. Das wird durch eine stärkere Linie an der Ferse und eine Unterbrechung der Linie des Schenkels angedeutet.

Eine Kontur wiederholen

In dieser Zeichnung meiner lesenden Frau habe ich den Stift einfach mehrmals um die Kontur herumlaufen lassen, bis ich das Volumen erfaßt hatte. Die Linienführung wurde nur unterbrochen, um den Hosenbund, das Ohr und den Haaransatz sowie die Fußsohlen wiederzugeben.

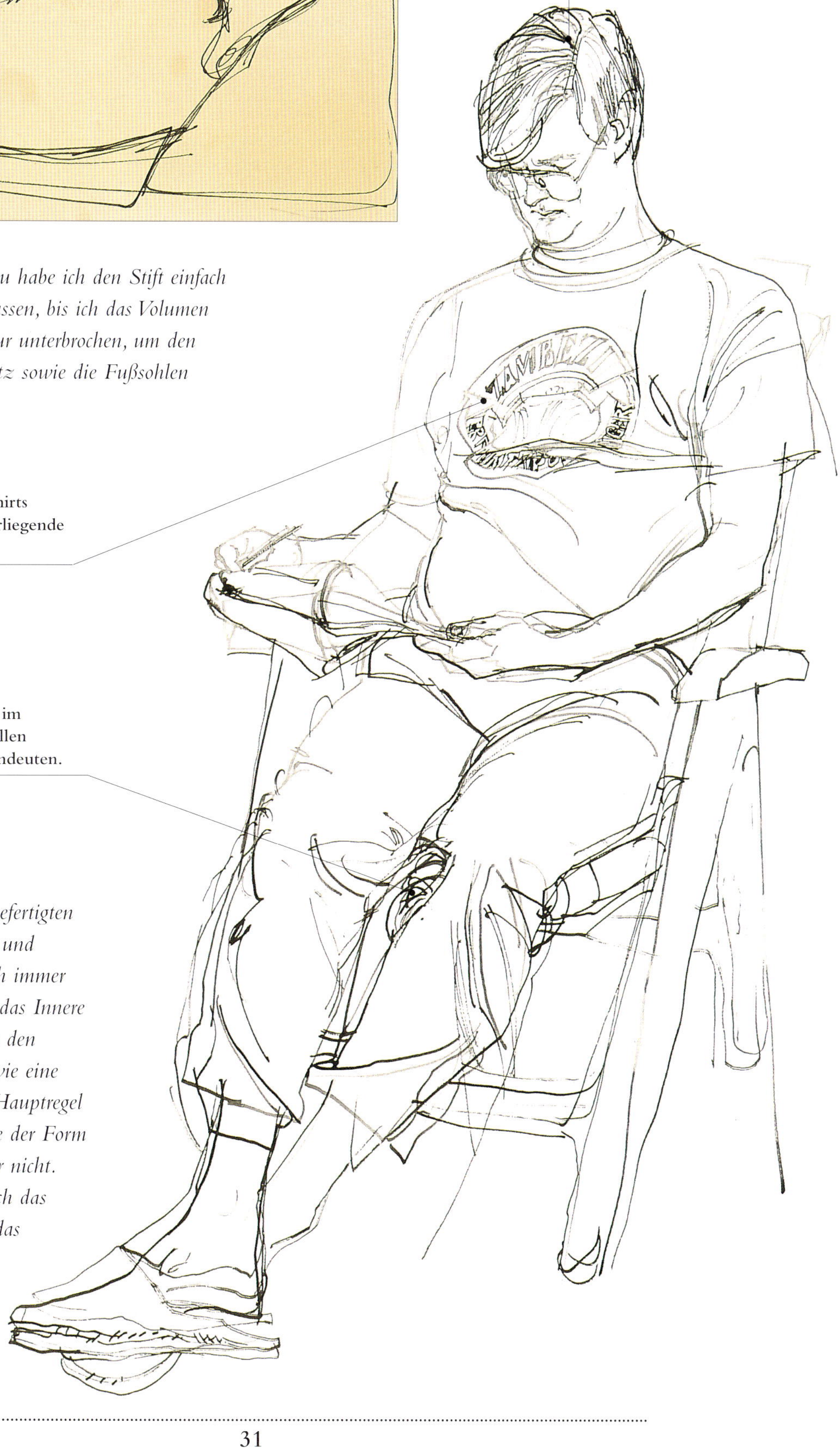

Form definieren

Ich zeichnete dieses Bild mit einer handgefertigten Rohrfeder, die ich abwechselnd in Wasser und Tusche tauchte. Achten Sie darauf, wie ich immer wieder „Ausflüge von der Umrißlinie in das Innere der Figur" unternommen habe, meist um den Falten der Kleidung zu folgen, die sich wie eine zweite Haut um den Körper legen. Als Hauptregel galt für mich, jede Linie zu zeichnen, die der Form dient, ob sie nun zum Umriß gehört oder nicht. Beim Zeichnen habe ich dann jedoch auch das Thema meines zweiten Grundprinzips, das Modellieren des Körpers, mit einbezogen (s. S. 34-35).

PRAKTISCHE ÜBUNG

VERSUCHEN SIE DIESE ÜBUNG nur mit Konturlinien ohne weitere Modellierung und Schattierung auszuführen. Sie können dabei ruhig einige innen liegende Hautfalten sowie die Öffnungen von Augen, Nase und Mund skizzieren. Sonst sollten Sie sich aber nur auf die Umrisse konzentrieren. Das Modell sollte gleichmäßig beleuchtet sein. Starke Helldunkel-Kontraste innerhalb der Figur lenken nur von der Konturlinie ab. Als Zeichenmittel schlage ich Tusche und Feder vor, ein ausgesprochen lineares Mittel, durch das die Versuchung, Schattierungen einzusetzen, in Grenzen gehalten wird. Denken Sie aber immer daran, daß Tuschestriche endgültig sind. Gehen Sie also mit Vorsicht ans Werk. Fangen Sie am besten erst mit kleinen Punkten oder kurzen Linien an und verbinden Sie diese erst dann, wenn Sie sicher sind, daß sie richtig gesetzt sind.

MATERIAL

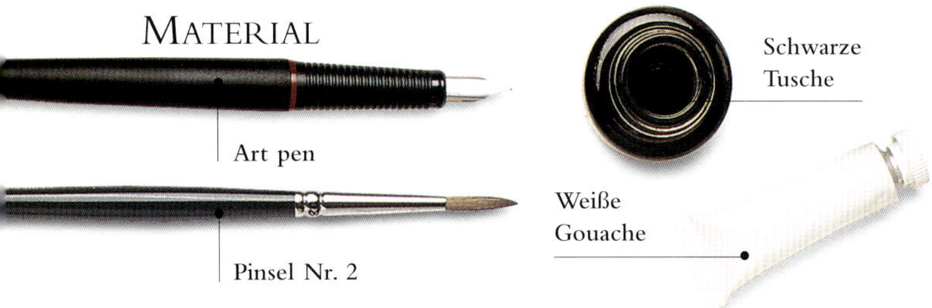

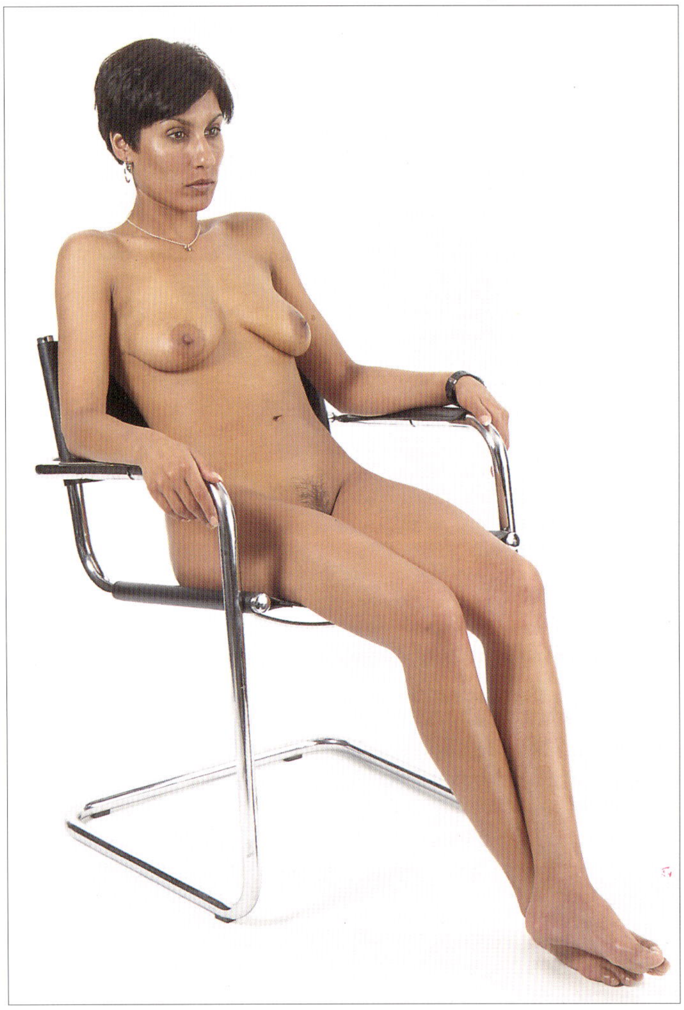

Eine Pose auswählen

Dieser Stuhl aus Metallrohr diente als zeichnerisches Gerüst, in das ich das Modell plazieren konnte. Modell und Stuhl heben sich gut vor einem hellen, flachen Hintergrund ab und machen es mir leichter, mich auf die Umrisse zu konzentrieren.

1 *Striche mit Tusche und Feder sind endgültig. Wenn Sie also keine schnellen, spontanen (und risikoreichen) Skizzen machen wollen, sollten Sie entweder wasserlösliche Tusche nehmen oder Hilfslinien mit Punkten und kurzen Strichen anlegen.*

2 *Um die richtigen Proportionen zu finden, sollte man immer von außen nach innen arbeiten. So ist das Auge gezwungen, die Zeichnung von einer zur anderen Seite und von oben nach unten abzutasten. Wenn man eine Figur in Teilen zeichnet, läuft man Gefahr, die Proportionen zu verzerren.*

3 *Verbinden Sie die Hilfspunkte erst, wenn sie an der richtigen Stelle sitzen. Gehen Sie in dieser ersten Phase langsam und bedächtig vor. Bedenken Sie, daß Sie für diese Übung nur Konturlinien verwenden dürfen. Beginnen Sie mit der Struktur des Stuhls.*

4 *Korrigieren Sie die Position der Körperglieder, wie hier den Vorderarm, mit neuen Linien. Korrekturen sind in Maßen akzeptabel und können zudem der Zeichnung Lebendigkeit verleihen.*

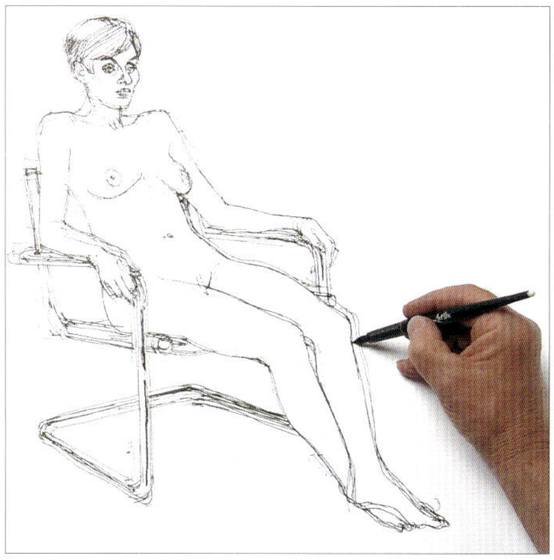

5 *Nun verstärken Sie mit mehreren flüssigen Strichen den Umriß des Stuhls. Verbessern Sie, wenn nötig, auch die Konturen der Figur, wie hier das linke Bein des Modells.*

6 *Wenn die Korrekturen überhandgenommen haben, können Sie die überflüssigen Linien mit weißer Gouache übermalen. Gouache deckt zwar Tusche gut ab, ist aber schwer zu überzeichnen.*

Die fertige Zeichnung

Im Unterschied zum Körper habe ich den Stuhl mit mehreren Linien erfaßt. Das soll den Eindruck der glänzenden Metalloberfläche verstärken. Einige wenige Details des Körpers habe ich angedeutet, so zum Beispiel die Linien der Schlüsselbeine und, mit gepunkteten Linien, die Wangenknochen.

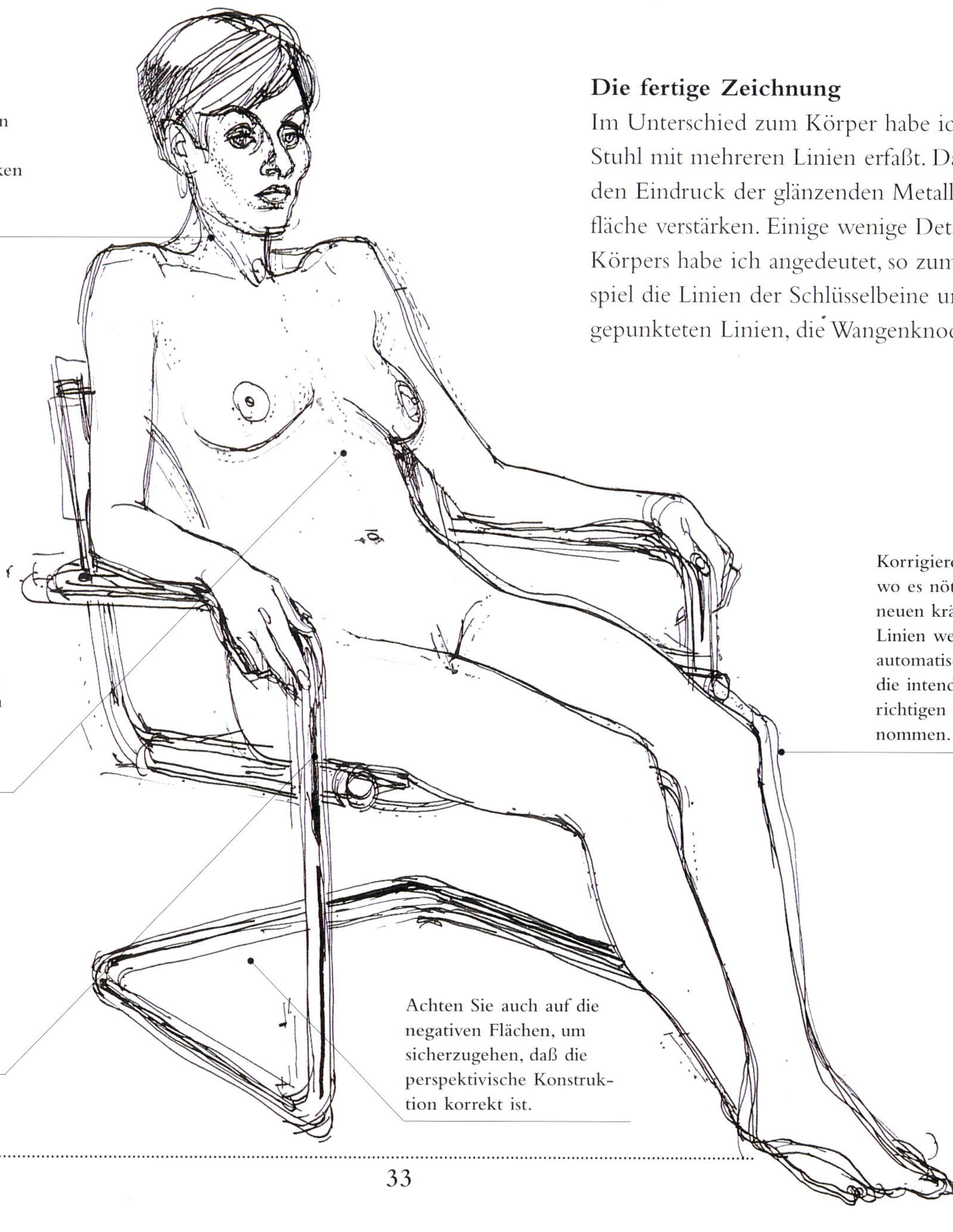

Gepunktete Konstruktionslinien dienen dazu, die Haltung von Nacken und Schultern anzuzeigen.

Diese suchenden, inneren Punktlinien wurden ebenfalls stehengelassen, um die innere Struktur anzudeuten.

Zusätzliche Linien auf den Metallrohren geben den Glanz des Lichteinfalls wieder.

Achten Sie auch auf die negativen Flächen, um sicherzugehen, daß die perspektivische Konstruktion korrekt ist.

Korrigieren Sie, wo es nötig ist. Die neuen kräftigeren Linien werden automatisch als die intendierten, richtigen wahrgenommen.

MODELLIERUNG

Eine Konturzeichnung kann über die innere Körperstruktur nicht sehr viel aussagen. Um dem Ganzen Plastizität zu verleihen, muß man in die Figur hineinzeichnen und Tonwerte schaffen.

ZEICHNUNGEN SOLLEN INFORMATIONEN geben. Das, was man sieht, soll direkt und anschaulich wiedergegeben werden. Dafür ist jedes Mittel recht.

Soeben haben wir gelernt, wie man Linien einsetzt, um den Umriß einer Figur zu schaffen. Nun gehen wir einen Schritt weiter und werden in die Figur wie in eine Karte hineinzeichnen. Dieses modellierende Zeichnen zeigt, wie die inneren Formen des Körpers miteinander verbunden sind. Eine ähnliche Funktion hat das Einsetzen unterschiedlicher Tonwerte, die die Formen plastischer herausstellen. Oft sieht man einen interessanten Wechsel zwischen zwei verschiedenen Ebenen des Körpers, der jedoch vom einfallenden Licht nicht genügend betont wird. Dann sollte man diese Stelle ruhig mit einer Schraffur so betonen, daß man sie auf dem zweidimensionalen Bild so wahrnimmt wie in der dreidimensionalen Realität.

Das Standortlicht sollte also Ihre Wahrnehmung nicht einschränken. Und denken Sie daran, das Licht kann sich ändern, die Form bleibt jedoch immer gleich.

Der Form folgen
Diese Zeichnung zeigt, wie man mit Linien Formen fast ohne Zuhilfenahme von Licht und Schatten darstellen kann. Es gibt zwar einige Tonwertflächen, die aber nicht dominieren. Ich habe Linien nicht nur dazu verwendet, um den Umriß wiederzugeben, sondern auch um der Binnenform des Körpers zu folgen. Betrachten Sie dazu die Linien um das Kinn und das linke Handgelenk sowie über dem Bauch, der Brust und den Hüften. Diese Linien, die natürlich so nicht in der Realität zu sehen sind, helfen, die beobachtete Körperform zu definieren.

Beleuchtung und Ausdruck

Einige Tonwerte in dieser Zeichnung (ganz rechts) entsprechen dem Lichteinfall, wie man ihn auf dem Foto sieht. Vieles wurde jedoch erfunden oder hervorgehoben, um das Volumen der Figur besser herausstellen zu können. Ich zeichnete zum Beispiel einige Linien quer über den Rücken, um die Form besser aufzeigen zu können. Sie bilden einen Pfad über das linke Schulterblatt des Modells, gehen dann in die Vertiefung der Wirbelsäule über, laufen über das rechte Schulterblatt und gleiten schließlich den rechten Oberarm herunter.

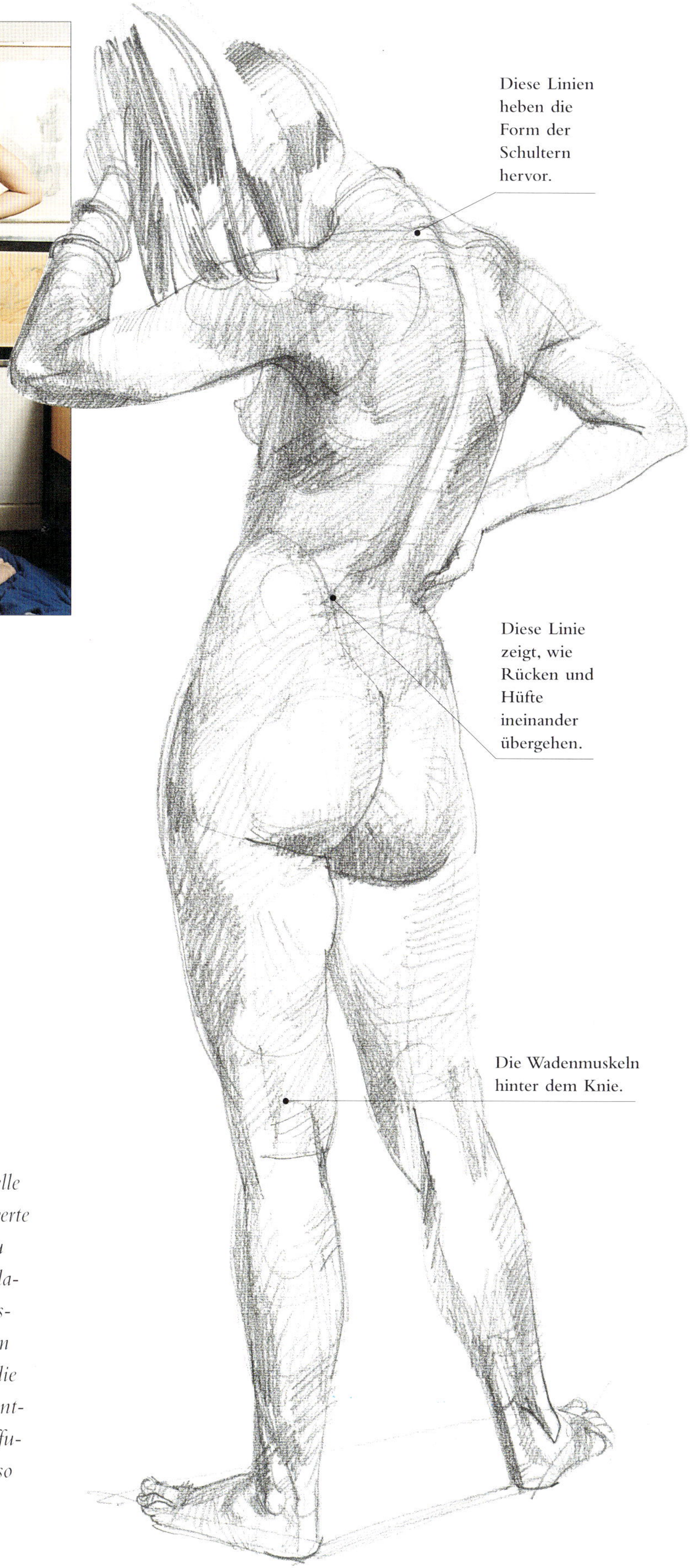

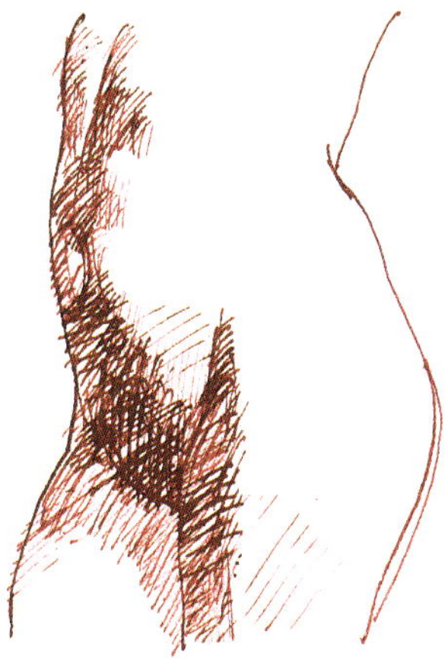

Den Lichteinfall wiedergeben

Das könnte man sehen und zeichnen, wenn man nur den auffälligsten Lichteinfall auf dem Körper wiedergeben möchte. Einige Formen können aus der einheitlich beleuchteten Fläche abgeleitet werden. Doch kann diese undifferenzierte Zeichnung nicht als Vorlage für ein Gemälde oder gar eine Skulptur dienen.

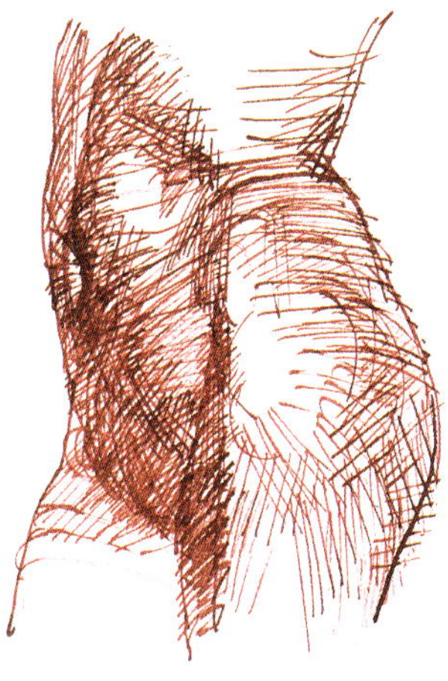

Ausdrucksstark gestalten

In dieser Studie habe ich in die helle Fläche hineingezeichnet und Tonwerte erfunden, die eigentlich so nicht zu sehen sind. Damit kann ich die Plastizität des Körpers aber besser ausdrücken. Nun wird die runde Form der Hüften deutlich sichtbar, und die Modellierung des Bauches ist wesentlich besser. Man kann diese Schraffuren mit Kohle und Bleistift genauso leicht machen wie mit Tusche und Feder.

Praktische Übung

Das Ziel dieser Übung ist recht einfach: die Betonung der dreidimensionalen Form. Dazu muß man jede Körperstelle des Modells genau beobachten und zeigen, wie die einzelnen Flächen sich zu der Person, die vor Ihnen sitzt, zusammenfügen lassen.

Das Modell sollte hell und gleichmäßig ausgeleuchtet werden. Starke Schatten würden dieser subtilen Zeichnung zu viel Dramatik geben. Um die Formen wiederzugeben, können Sie Schraffuren oder andere Zeichentechniken verwenden.

Stellen Sie sich vor, Sie müßten eine Werkzeichnung für eine Skulptur machen. Bildhauer müssen nicht nur wissen, wie das Licht auf die Figur fällt, sondern auch die räumliche Anordnung kennen. Sie bräuchten tatsächlich Zeichnungen aus verschiedenen Blickpunkten, um ihr Wissen über die drei Dimensionen der Figur zu vervollständigen. Zur weiteren Übung sollten Sie einmal eine solche Serie machen. Versuchen Sie aber immer, über das einfache Kopieren hinaus, soviel Information wie möglich über das Körpervolumen zu geben.

Material

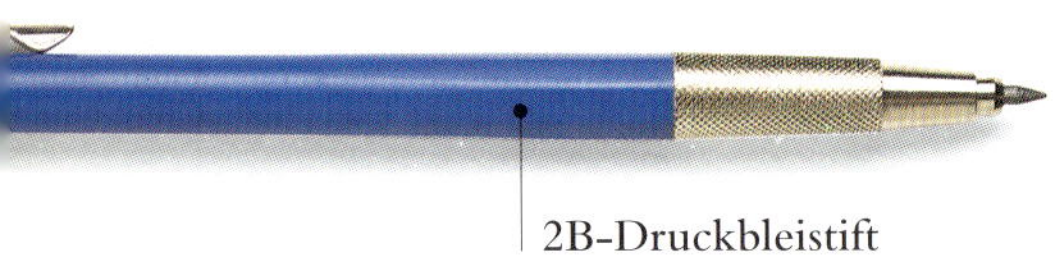

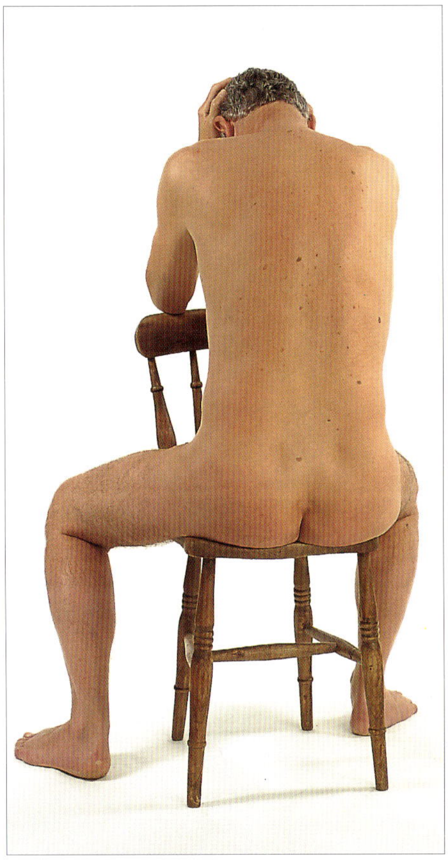

Zur Pose

Eine Ansicht des Rückens ist ideal, da dieser relativ flach verläuft. Man muß also sehr genau beobachten und analysieren, um eine dreidimensionale Form hervorzubringen. Das Modell sollte gleichmäßig beleuchtet sein. Je weniger Helldunkel-Kontrast zu sehen ist, desto schwerer ist es, Licht und Schatten einfach abzuzeichnen.

1 *Skizzieren Sie grob den Stuhl und den Umriß des Körpers. Zeichnen Sie dann mit wenigen Strichen die Linien und Formen des Rückens ein. Achten Sie besonders darauf, das „Tal" der Wirbelsäule und, wie hier, das Vorspringen der Schulterblätter wiederzugeben.*

2 *Nun schraffieren Sie die wichtigsten Flächen. Die linke Seite des Rückens ist dem Licht abgewandt. Aber auch dort sieht man Formen. Betonen Sie diese Feinheiten durch einen unterschiedlichen Duktus beim Schraffieren.*

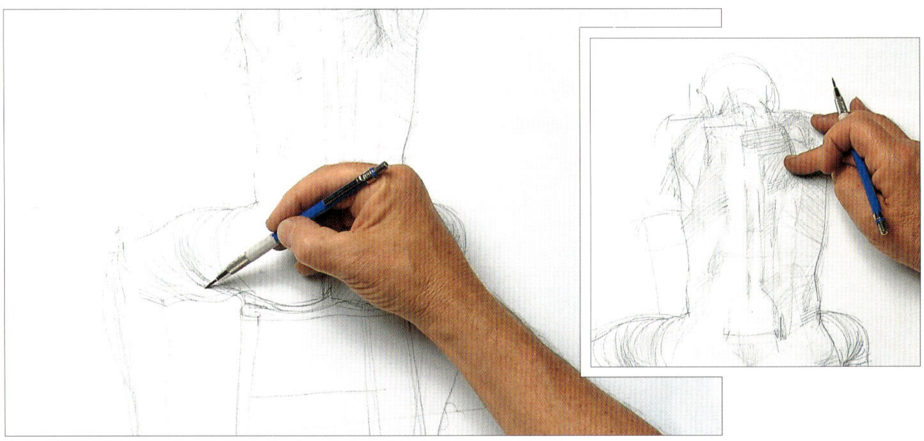

3 *Auf das linke Bein und die linke Seite des Rückens fällt wenig formgebendes Licht. Um die runde Form hervorzuheben, müssen Sie Konturlinien verwenden. Lassen Sie den Bleistift locker um das linke Bein laufen, als ob Sie Schnüre oder imaginäre Linien auf der Haut zeichnen wollten.* Kleines Bild: *Radieren Sie bitte nichts aus, sondern verwischen Sie falsche Linien mit dem Finger und zeichnen Sie darüber.*

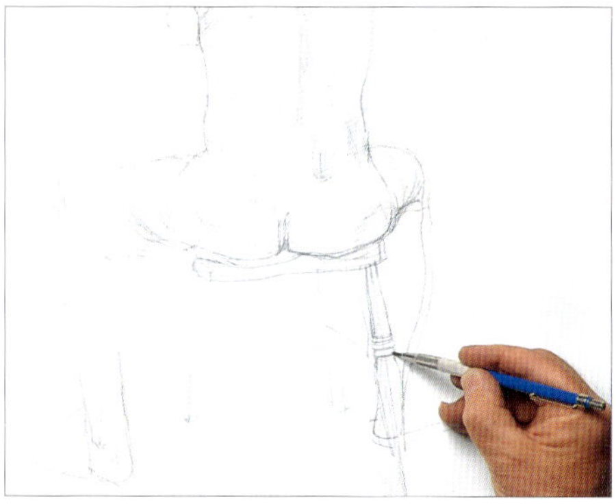

4 Skizzieren Sie leicht die sechseckige Form zwischen den vier Beinen des Stuhls und den beiden Füßen auf dem Boden. Dann lassen sich auch die Stuhlbeine sicherer einzeichnen.

5 Den Kopf habe ich erst am Schluß gezeichnet, was nicht immer von Vorteil ist. Bei dieser Pose hielt ich es jedoch für besser, erst die Arme und Hände, die den Kopf stützen, einzuzeichnen.

6 Obwohl auf die rechte Seite des Rückens Licht fällt, habe ich dort eine dunklere Fläche gesetzt, um zu zeigen, wie dieser Teil von dem gewölbten mittleren Rückenteil abfällt.

7 In den letzten Phasen sollten Sie sich stärker auf die Zeichnung selbst als auf das Modell konzentrieren. Überprüfen Sie noch einmal, ob alle Flächen stimmen und die Anordnung der Formen vollständig ist. Hier habe ich noch einmal die zylindrische Form des linken Beins betont.

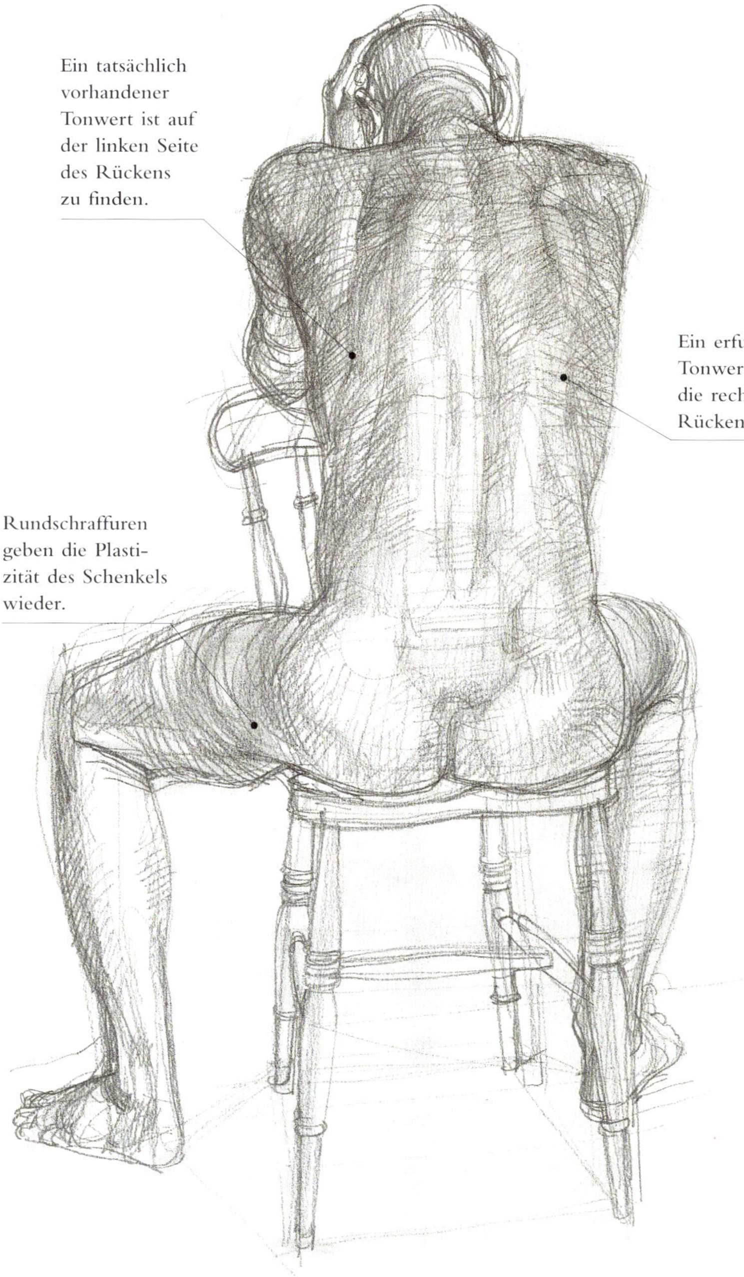

Ein tatsächlich vorhandener Tonwert ist auf der linken Seite des Rückens zu finden.

Ein erfundener Tonwert wurde auf die rechte Seite des Rückens gesetzt.

Rundschraffuren geben die Plastizität des Schenkels wieder.

Die fertige Zeichnung

Während des Zeichnens versuchte ich meine Wahrnehmung von Form und Räumlichkeit von der Licht- und Schattengebung unbeeinflußt zu lassen. Vergleichen Sie die fertige Zeichnung mit dem Foto auf der gegenüberliegenden Seite. Obwohl die rechte Seite Licht erhält, habe ich dennoch einen starken Tonwert eingesetzt, um die Drehung besser wiederzugeben.

Licht & Schatten

Selbst wenn wir farbenblind wären, könnten wir uns mit Hilfe von Helldunkel-Kontrasten in unserer Umwelt zurechtfinden. Figurenzeichner setzen Licht und Schatten ein, um den Eindruck von Körperlichkeit zu verstärken oder um der Zeichnung mehr Lebendigkeit zu verleihen.

Die Wiedergabe von Licht und Schatten kann genau wie die Modellierung einer Figur mehr Plastizität verleihen. Viele Anfänger glauben dies durch langsames Abschattieren erreichen zu können. In Wirklichkeit gibt es oft eine deutliche Grenzlinie zwischen Hell und Dunkel. Nur auf runden Gegenständen breitet sich das Helldunkel zu einer verschwommenen, breiten Zone aus. Folgt man dem Umriß des Gegenstandes, werden Form und Volumen auch ohne starke Helldunkel-Kontraste deutlich.

In diffusem oder schwachem Licht kann es schwierig sein, diese Trennlinie präzise genug anzugeben. Dann muß man weichere Übergänge schaffen. Die Figur kann auf ganz verschiedene Weise beleuchtet werden, von hinten, von vorne, von oben oder von unten. Jede Beleuchtungssituation schafft ein eigenes Helldunkel-Muster. Man muß zwar nicht alle Tonwerte einsetzen, um eine Form wiederzugeben, sie können eine Zeichnung aber durchaus beleben. Es ist natürlich auch möglich, die Wiedergabe von Licht und Schatten zum eigentlichen Thema einer Zeichnung zu machen.

Volumen wiedergeben

Um eine Form überzeugend plastisch wiederzugeben, wie bei diesem hell beleuchteten Apfel, muß man zunächst die Trennlinie zwischen Hell und Dunkel festlegen. Der Schatten des Apfelstengels wiederholt die Rundung der Form.

Der Schatten des Stiels folgt der Form des Apfels.

Trennlinie

Hier ist der Apfel dunkler als der Schattenwurf.

Wo Licht von der Tischfläche reflektiert wird, ist der Apfel heller als der Schatten.

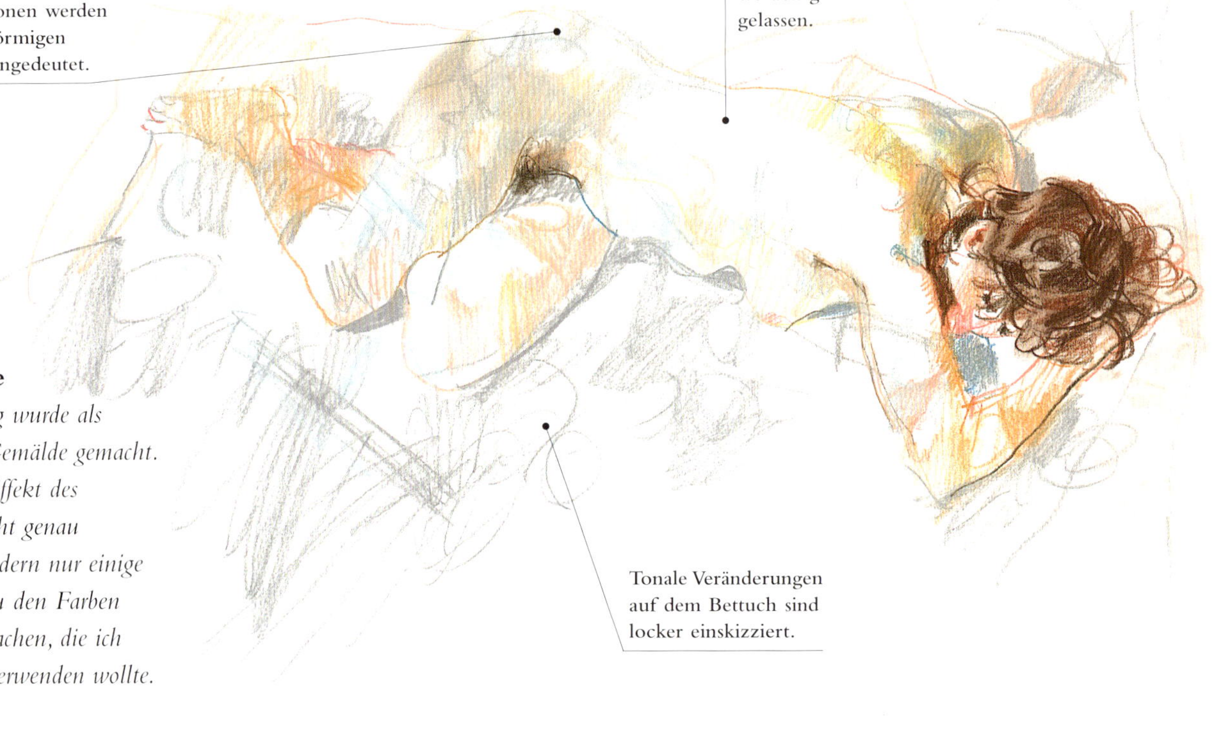

Lichtflecken in Schattenzonen werden mit kreisförmigen Strichen angedeutet.

Direkt im Licht liegende Flächen werden ganz frei gelassen.

Tonale Veränderungen auf dem Bettuch sind locker einskizziert.

Tonale Studie
Diese Zeichnung wurde als Studie für ein Gemälde gemacht. Ich wollte den Effekt des Sonnenlichts nicht genau wiedergeben, sondern nur einige Andeutungen zu den Farben und Mustern machen, die ich später im Bild verwenden wollte.

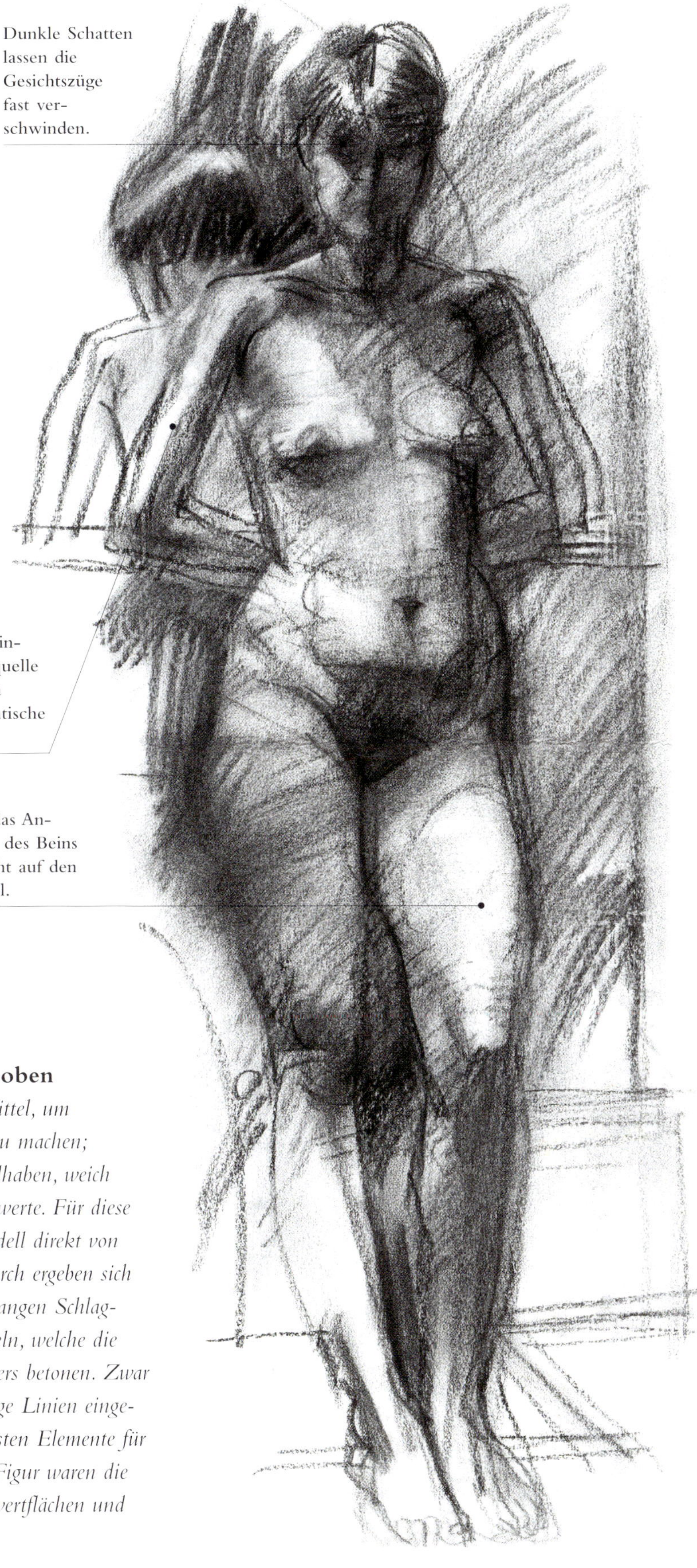

Tonwert und Linie

Oft sind in einer Zeichnung verschiedene Darstellungsweisen kombiniert. In der obigen Zeichnung habe ich durch die Verwendung unterschiedlicher Tonwerte den Lichteinfall auf der Figur festgehalten, aber auch modelliert und mit Umrißlinien gearbeitet. Als Untergrund nahm ich ein cremefarbenes Papier, so daß ich mit Weiß die Lichter auf den Schultern und entlang der Wirbelsäule aufsetzen konnte.

Hartes Licht von oben

Kohle ist ein gutes Mittel, um Helldunkel-Studien zu machen; sie ist schnell zu handhaben, weich und schafft starke Tonwerte. Für diese Studie wurde das Modell direkt von oben beleuchtet. Dadurch ergeben sich starke Kontraste mit langen Schlagschatten und Lichtinseln, welche die Rundungen des Körpers betonen. Zwar wurden hier auch einige Linien eingesetzt, aber die wichtigsten Elemente für die Beschreibung der Figur waren die unterschiedlichen Tonwertflächen und der Hintergrund.

Praktische Übung

Eine Helldunkel-Studie ohne Linie oder Modellierung der Form kommt einer Fotografie sehr nahe. Das heißt nun nicht, daß man einfach ein Foto kopieren soll, wenn man nach dieser Methode zeichnet. Wie immer sollte man lieber nach dem lebenden Modell arbeiten. Man kann dann entscheiden, wie man die Tonwertskala vereinfacht, um die Pose in den Grundzügen wiederzugeben. Bei schwacher Beleuchtung hebt sich zum Beispiel die Figur kaum vom Hintergrund ab. Man könnte das durch einen völligen Verzicht auf die Umrißlinie noch betonen, so daß die Phantasie des Betrachters das ersetzen muß, was fehlt. Umgekehrt möchte man vielleicht einmal einen Tonwertkontrast verstärken. Das scheint auch in der Realität zu passieren, wenn das Auge (bei der Gradation) den Kontrast zwischen Hell und Dunkel übertreibt. In dieser Studie sind beide Effekte vorgestellt. Zum einen verschmelzen die Unterschenkel mit der dunklen Decke, und zum anderen wurde das linke Knie verdunkelt, um den Kontrast zur hellen Wand zu betonen.

Material

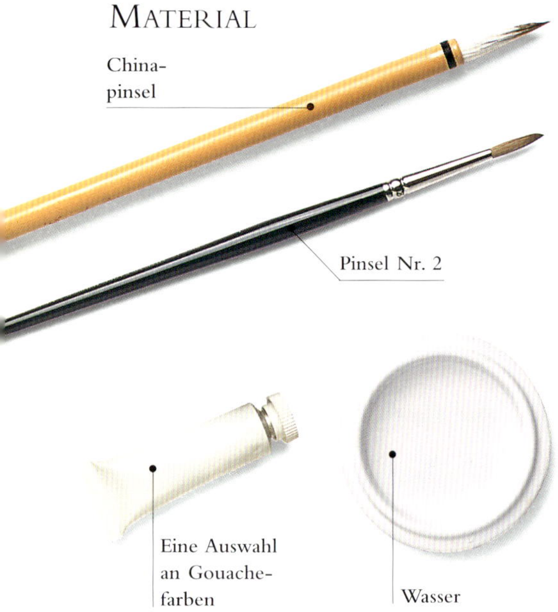

1 Legen Sie rasch lockere Lavierungen in Grau und Schwarz an, um die wichtigsten Tonwertflächen zu schaffen.

2 Dann führen Sie einige dunklere Töne vor allem für die Decke ein. Die Figur habe ich als negative Fläche aus der Decke herausgearbeitet.

3 Mit Weiß abgetönte Grauwerte ergeben zwei Grundtöne für die hellen Stellen des Körpers. Mit Schwarz und Grau machte ich die Unterschenkel fast so dunkel wie die Decke. Im Hintergrund habe ich abgestufte graue Lavierungen angelegt.

4 Beim Studium des Modells werden Sie vielleicht wahrnehmen, daß selbst in den hellsten Stellen Kontraste vorkommen. Nur das allerhellste Licht auf dem Oberschenkel erhält eine Höhung in reinem Weiß. Das hellste Licht muß aber nicht immer auf der Figur liegen, sondern kann sich auch im Hintergrund befinden. Jeder Tonwert muß mit den anderen genau abgestimmt werden.

Zwischen dem Bein und der Bettdecke gibt es kaum einen tonalen Unterschied.

In der vorwiegend dunklen Umgebung wirkt dieser mittlere Tonwert hell.

Da der Arm röter, also dunkler als der Torso ist, wird er in dunklerem Ton wiedergegeben, obwohl Arme und Torso in demselben Licht liegen.

Für das hellste Licht wurde ein reines Weiß verwendet.

Das fertige Bild

Diese Übung hatte zum Ziel, den Lichteinfall darzustellen. Daher wurde das Bild ganz in Helldunkel gehalten. So konnte ich mich auf die Tonwerte konzentrieren, ohne von der Farbe abgelenkt zu werden. Bei der Wiedergabe von Licht und Schatten muß man sowohl die lokalen Tonwerte des Motivs wie auch den Lichteffekt in Betracht ziehen. In diesem Bild sind zum Beispiel die Arme des Modells wesentlich dunkler als der Torso, obwohl auf beide Körperteile gleich viel Licht fiel. Ich malte die Arme des Modells dunkler, weil sie einen rötlichen Ton besaßen und daher dunkler als die perlweißen Fleischtöne des Körpers erschienen, die ich mit Weiß gehöht hatte. Mit anderen Worten, eine dunkle Farbe erscheint selbst in hellem Licht als dunkler Tonwert.

FARBE

Beim Malen des menschlichen Körpers wird es oft als schwierigste Aufgabe empfunden, den richtigen Hautton zu treffen. Des Rätsels Lösung liegt wie immer in der genauen Beobachtung. Vertrauen Sie Ihren Augen und nicht dem, was Sie meinen zu wissen.

DIE WOHL HÄUFIGSTE Frage zur Farbe beim Malen einer menschlichen Figur lautet: „Wie mische ich bloß diese Fleischfarbe?“ Darauf gibt es eigentlich nur eine Antwort: Es gibt überhaupt keine „Fleischfarbe“! Die Farbenhersteller bieten Fleischtöne in Tuben an, eine Art Verschnitt von Neapelgelb mit etwas Zinnoberrot, was aber nicht sehr überzeugend aussieht. Eigentlich wäre man hoffnungslos überfordert, wollte man all die verschiedenen Nuancen von Fleisch- oder Hautfarben des menschlichen Körpers wiedergeben.

Die Farbe des Fleisches bzw. der Haut hängt, genau wie jedes andere wahrgenommene Objekt, sowohl von seiner eigenen Farbe, oftmals Lokalfarbe genannt, wie auch von der Farbe des Lichts ab, das gerade auf den Körper fällt. Beides kann außerordentlich variieren.

Es gibt zum Beispiel große Unterschiede bei den Lokalfarben des Gesichts. Bei hellhäutigen Menschen sehen die Wangen und Ohren, wo die Blutgefäße dichter an der Haut anliegen, röter aus als etwa die Stirn oder das Kinn. Hände, Füße, Ellbogen und

Warme und kalte Farben

Der Farbenkreis wurde in zwei Hälften geteilt; die kühlen Töne befinden sich auf der rechten Seite, die warmen auf der linken. Es gibt eine gewisse Unsicherheit, was die Temperatur der Farben an der Grenzlinie angeht. Zitronengelb braucht nur ein wenig grüner zu sein und schon erscheint es als Gelbgrün kälter. Beim Malen der Haut sollten Sie nicht nur die wärmeren Farben verwenden, also die Gelb-, Orange-, Rot- und Rosatöne. Auch die kühleren Farbtöne sind wichtig. Schauen Sie sich doch einmal die Schattentöne auf der Unterseite des Körpers an (s. gegenüber).

Schattierungen

Schattierungen sind Farbtöne, die mit etwas Schwarz abgedunkelt worden sind. Kleine Mengen von Schwarz wurden den obigen Farben beigemischt und erzeugten sehr schöne Schattierungen. Schwarz ist in der Figurenmalerei durchaus nützlich, wenn man es mit Vorsicht einsetzt. Abtönungen sind mit Weiß aufgehellte Farbtöne.

Erdfarben

Fertig ausgemischte Erdfarben sind zwar praktisch beim Figurenmalen, doch können sie auch leicht durch Mischen von Schwarz mit Orange oder Orangegelb sowie Orangerot selbst hergestellt werden. Halten Sie Schwarz von weiß abgemischten Tönen fern, da Sie sonst nur schmutzige Farbtöne erhalten.

Knie sind meist wärmer im Ton als Hüften, Brust und Bauchbereich, die oft kühlere Töne besitzen. Bei dunkelhäutigen Menschen sind die Unterschiede in den Lokalfarben weniger ausgeprägt, können aber dennoch wahrgenommen werden.

Denken Sie jedoch daran, daß sich die Lokalfarben aller Körperteile je nach Temperatur und Beleuchtungsstärke verändern können. Eine von Kerzen- oder Halogenlicht, das sehr viel rotes, langwelliges Licht beinhaltet, beleuchtete Figur wird wärmer aussehen als eine Figur im Sonnenlicht. Vergessen Sie am besten alles, was Sie über Fleischfarbe wissen. Schauen Sie statt dessen genau auf die Farbe in dem jeweiligen Licht. Genaue Beobachtung ist wie immer der Schlüssel zum Erfolg. Man sollte sich auch gut überlegen, wie man die Schattenflächen auf einer Figur setzt. Diese Flächen sind nicht direkt beleuchtet, sondern erhalten ihr Licht vor allem durch Reflexion. Eine Figur vor einer blauen Wand wird demnach kühle Schattentöne vorweisen.

Betrachten Sie, wie immer in der Malerei, genau den jeweiligen Wärme- oder Kältegrad der Farben bei jedem Körperteil Ihres Modells. In der Figurenmalerei verwendet man kühle Farben für die Schatten und warme für die lichten Stellen, um den Lichteinfall darzustellen und Plastizität ohne große Tonwertkontraste zu schaffen. Die Modellierung der Form aus der Farbe wird wohl am besten in den Bildern von Paul Cézanne (1839-1906) demonstriert.

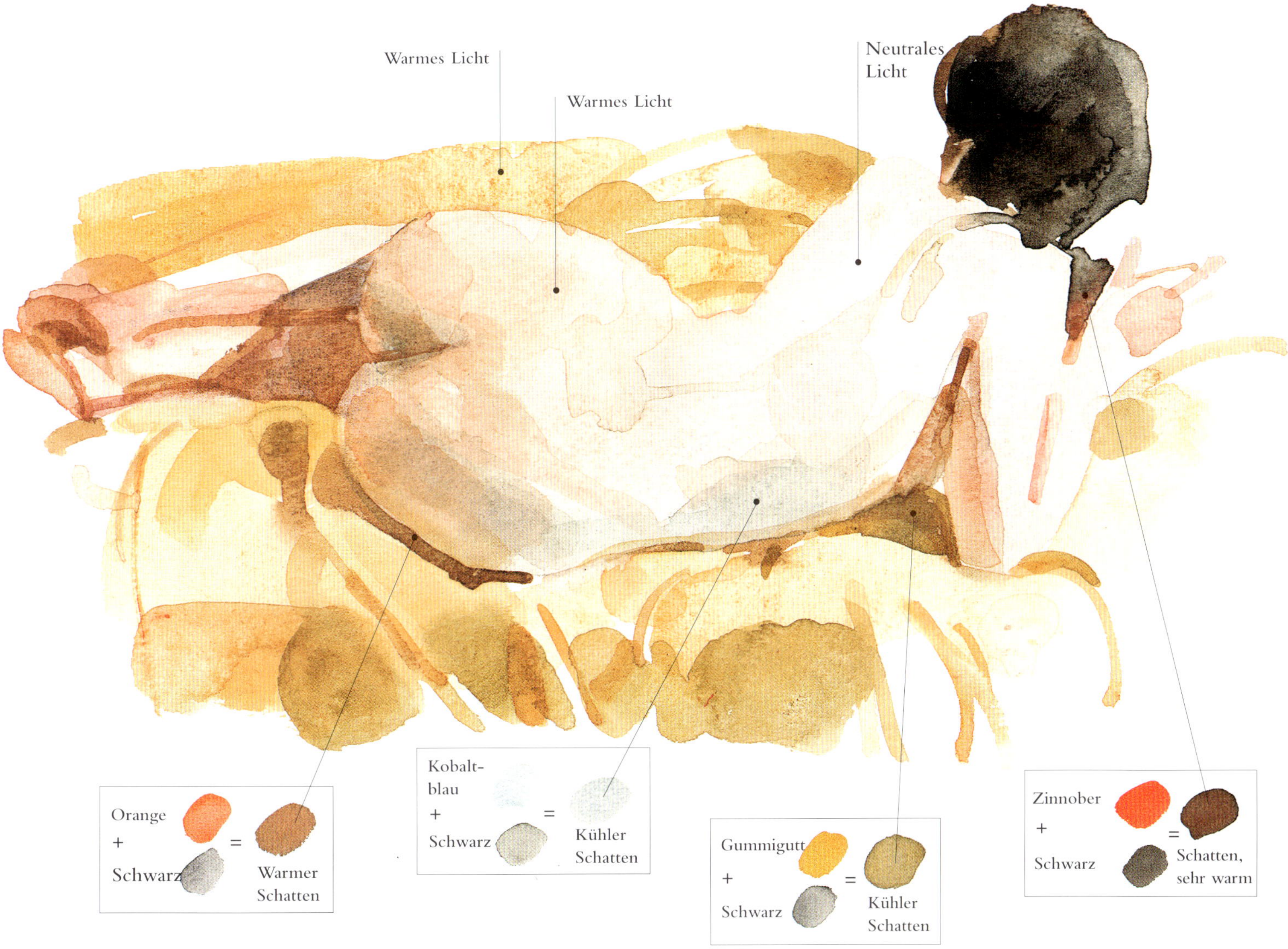

Schwarz verwenden

Anfängern rät man oft, Schwarz als Nicht-Farbe unbedingt zu meiden. Wie man an den vier oben gezeigten Beispielen sieht, gehen Frische und Klarheit beim Mischen mit Schwarz keineswegs immer verloren. Achten Sie jedoch darauf, daß schwarze Töne nur in schattigen Stellen vorkommen. Weiß wird als Farbton in Aquarellen nicht verwendet. Die Helligkeit der Farbe wird nur von dem weißen Papiergrund reguliert, der durch die Lavierungen durchschimmert.

Praktische Übung

Ziel dieser Übung ist die Wiedergabe des Spiels zwischen warmen und kalten Tönen in einer Figurenzeichnung, die mit Conté-Stiften auf einem hellgelben Zeichenkarton ausgeführt wurde. Ich suchte dafür ein hellhäutiges Modell aus, da sich hier die wärmeren Lokalfarben bis zum Rosa aufhellen können. Bei dunkelhäutigen Modellen sind die warmen Hautpartien durch die Pigmentierung verborgen und zeigen weniger ausgeprägte Warm-Kalt-Kontraste. Unterschiede in der Farbtemperatur findet man jedoch auch bei dunkelhäutigen Modellen, vor allem vor stark kontrastierenden Hintergründen. Auch die Kleidung kann komplementäre Farben aufweisen. Decken Sie Ihr Modell aber nicht ganz zu.

Material

Eine Auswahl an Conté-Stiften

1 *Zeichnen Sie die Komposition leicht vor. Dann deuten Sie einige warme und kalte Passagen mit kleinen Strichen auf der Brust, der Schulter, der Hand und dem Ellbogen des rechten Arms sowie dem linken Unterarm an.*

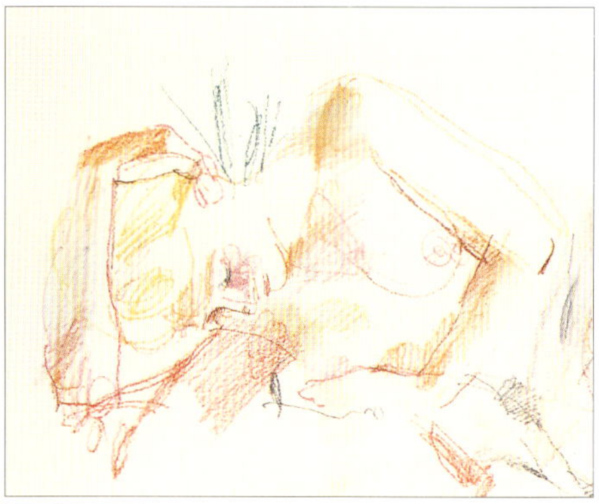

2 *Bauen Sie weiter die warmen und kalten Stellen des Oberkörpers auf. Ich verwendete dazu Siena natur, Siena gebrannt, ein helles Blau, ein kühles Blaugrün, ein Gelbgrün und ein kühles Rosa. Deuten Sie auch die Farben auf dem Bett an und achten Sie auf das Zusammenspiel zwischen diesen Farben und den Fleischtönen.*

3 *Nach Fertigstellung der oberen Bildhälfte gehen Sie zu den Schattenpartien auf den Oberschenkeln über. Die kühlen, perlfarbenen Töne schuf ich durch Schraffieren von Hellblau und Gelbgrün über den Grundton von Siena natur. Die Position der Unterschenkel zeichnete ich mit Siena natur und gebrannt.*

4 *Nun kehren Sie wieder zum Oberkörper zurück, um einen kalten Schatten auf der Schulter gegen die warmen Töne der Brust und der Wangen zu setzen. Den Schatten setzte ich aus Siena natur, Hellblau und etwas mittlerem Grau zusammen, die warmen Farben aus Rosa und Siena natur.*

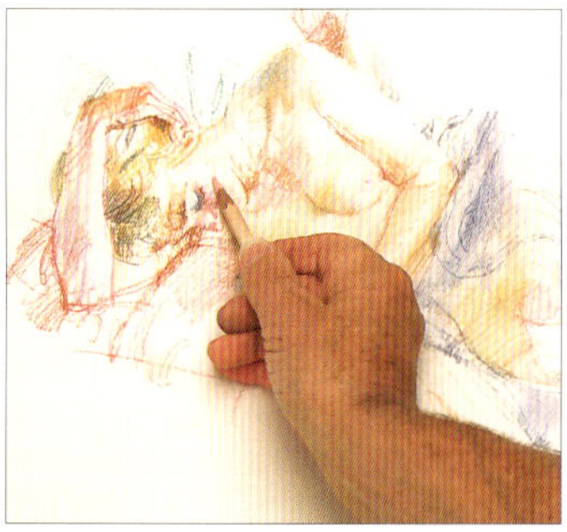

5 *Zeichnen Sie den Morgenmantel noch nicht zu genau, da sein Aussehen sich jedesmal, wenn das Modell sich bewegt, ändern kann. Machen Sie nur einige Skizzen und warten Sie mit den Details bis zum Schluß.* Kleines Bild: *Ich arbeitete noch die wärmeren Farben im Gesicht und der rechten Hand mit hellem Gelbrosa weiter aus, einem Farbton, den man oft fälschlicherweise „Fleischrosa" nennt.*

6 *Den linken Unterarm baute ich mit Siena natur und gebrannt auf, um einen kräftigen, warmen Farbton zu erhalten. Zeichnen Sie nun etwas von der Bettdecke ein. Skizzieren Sie nur die Form, ohne große Farbflächen anzulegen.* Kleines Bild: *Ich vertiefte den Schatten in der kühlen Seite der Schenkel durch Kreuzschraffieren und Verreiben von Gelbgrün, Siena natur, Grau und Violettblau. Für die wärmeren Stellen der Knie verwendete ich Rosa und Siena gebrannt.*

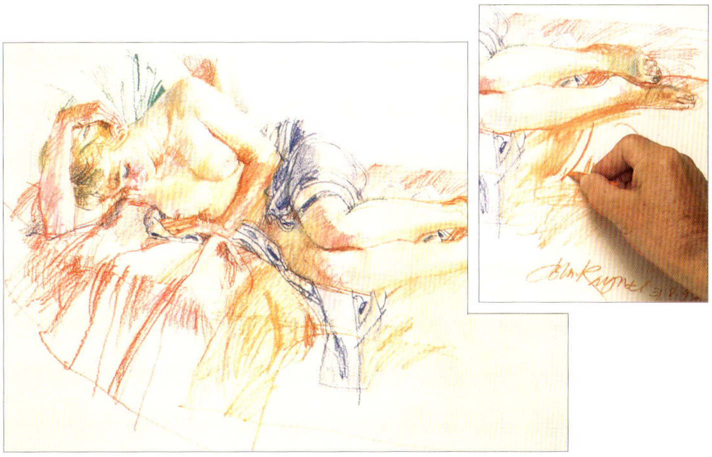

7 *Dann zeichnete ich die endgültige Position des Morgenmantels mit Violettblau und Hellblau ein und verrieb noch etwas kühles Rosa in den Farbton.* Kleines Bild: *Für die im Schatten liegenden Füße verwendete ich dieselben Farben wie für die Schenkel. Der rechte Fuß des Modells reflektierte jedoch mehr Licht von der Bettdecke. Daher schraffierte ich Orange über die Unterseite des Fußes und zeichnete mit diesem Farbton auch die Falten des Stoffs.*

Die fertige Zeichnung

In der gesamten Zeichnung habe ich das Zusammenspiel von kalten und warmen Farbtönen betont. Betrachten Sie zum Beispiel die beiden Unterarme. Für die Oberseite des linken Unterarms habe ich Siena gebrannt und natur genommen, da diese Seite meist wärmer als die Unterseite ist. Bei der offen gezeigten Unterseite des rechten Unterarms habe ich wiederum Grau und Hellblau eingesetzt, um die warmen Sienatöne zu kontrastieren.

MESSMETHODEN

Es gibt zwei sehr einfache Möglichkeiten, die Proportionen Ihres Motivs zu schätzen und auf das Papier zu übertragen. Dazu braucht man nur einen Bleistift und den Daumen oder ein Gitternetz.

DAS MESSEN MIT einem Bleistift ist eine effektive, zeitsparende Methode. Um zum Beispiel die Höhe des Kopfes zu bestimmen, hält man den Bleistift mit ausgestrecktem Arm vor sich, so daß sich die Spitze des Bleistifts auf einer Höhe mit dem oberen Kopfende befindet. Dann führt man den Daumen nach unten bis zum unteren Ende des Kinns. Beläßt man den Daumen an dieser Stelle, kann man den Bleistift an jedem anderen Körperteil ansetzen und dieses dann in Relation zur Kopfgröße messen. Dafür muß sich der Bleisitft immer in gleichbleibender Entfernung vom Körper befinden. Halten Sie ihn also am besten mit ausgestrecktem Arm. Der Bleistift muß außerdem immer in senkrechter Position zum Körper stehen.

Die Verwendung eines Gitternetzes führt noch einen Schritt weiter. Das hier gezeigte Meßgitter ist ein einfacher, rechtwinklig ausgeschnittener Kartonrahmen mit einem Raster aus Baumwollfäden, die in gleichmäßigen Abständen eingezogen sind (s. Kasten gegenüber). Wie mit der Bleistiftmethode lassen sich auch mit diesem Hilfsmittel die Proportionen der einzelnen Körperteile vergleichen, aber auch die Ausrichtung der Pose in Relation zur Zeichnung bestimmen.

Verwenden Sie das Gitternetz aber nur als Sehhilfe. Versuchen Sie nicht jedes Teil der Figur Quadrat für Quadrat auf das Papier zu übertragen. Das würde steif und manieriert wirken und wäre, weil man Kopf und Gitter ständig in der gleichen Position halten müßte, fast unmöglich.

MIT DAUMEN UND BLEISTIFT MESSEN

DIE GRUNDREGEL DIESER MESSMETHODE wird in dem Schema veranschaulicht. Suchen Sie sich als Maßeinheit zum Beispiel die Größe des Kopfes aus und markieren Sie diese mit dem Daumen auf dem Bleistift. Mit ausgestrecktem Arm vergleichen Sie dann dieses Maß mit anderen Teilen Ihrer Figur, wie etwa der Länge des Unterschenkels.

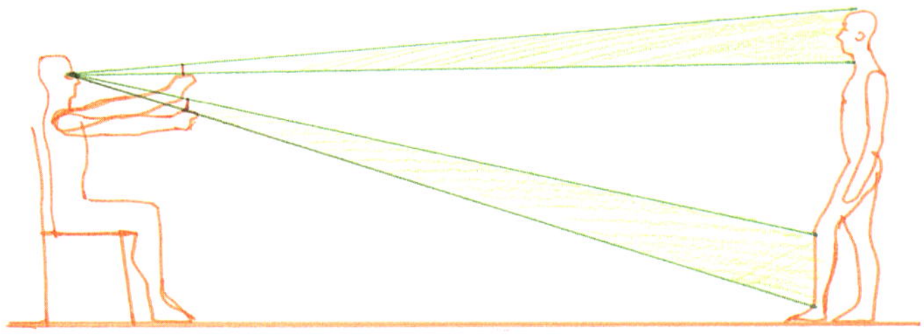

Zur Pose
Zum Abmessen und Vergleichen der einzelnen Körperteile bei dieser Pose verwendete ich Daumen und Bleistift. (Aus technischen Gründen ist die Figur in den folgenden Abbildungen unscharf. Bei einer richtigen Modellsitzung sieht man natürlich Modell und Bleistift scharf.)

Erstes Messen
Halten Sie den Bleistift mit ausgestrecktem Arm vor Ihr Modell. Suchen Sie sich ein Körperteil zum Messen aus, wie hier die Schultern des Modells. Richten Sie einfach ein Ende des Bleistifts nach einer Schulter aus und halten Sie den Daumen in Schulterbreite am anderen Ende des Stifts.

Zweites Messen
Halten Sie den Daumen an der gleichen Stelle und vergleichen Sie mit dieser Maßeinheit andere Körperabmessungen. Hier sieht man, wie die Schulterbreite der Entfernung vom Kinn zu den Händen entspricht. Vergewissern Sie sich, daß diese beiden Abmessungen in Ihrer Zeichnung identisch sind.

Ein Gitternetz herstellen

Man kann ein Meßgitter herstellen, indem man es entweder auf ein durchsichtiges Stück Plastik aufzeichnet oder, wie unten beschrieben, in einem rechtwinklig geschnittenen Kartonstück Fäden spannt.

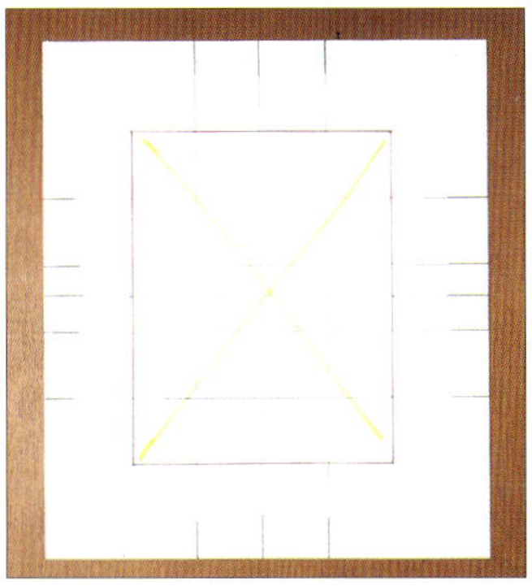

1 Zeichnen Sie auf Zeichenkarton ein Rechteck in der Größe von 200 x 250 mm und teilen Sie jede Seite jeweils in Einheiten von 50 mm, indem Sie Linien über den ganzen Karton ziehen.

2 Schneiden Sie mit einem Schneidemesser an einer Stahlschiene entlang das Rechteck aus.

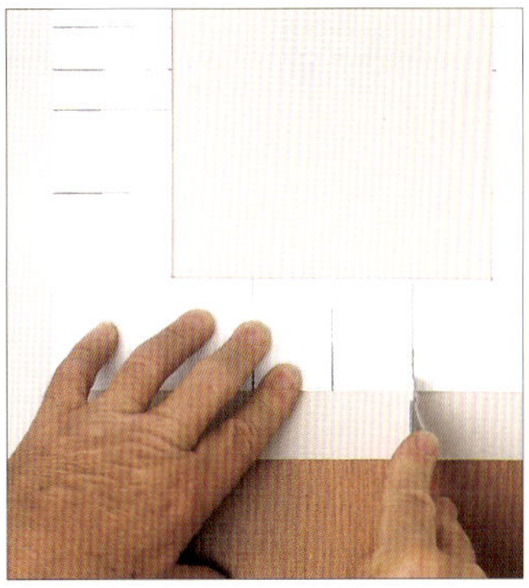

3 Kerben Sie den Karton in den festgelegten Abständen ein. In diesen Einschnitten werden die Fäden befestigt, machen Sie sie also nicht zu tief (3 mm).

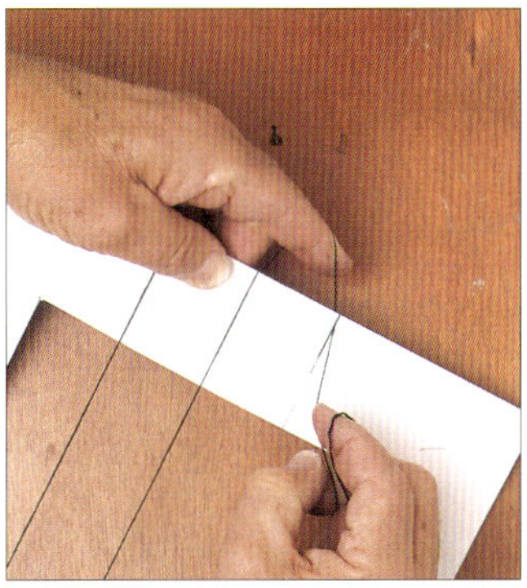

4 Ziehen Sie einen durchlaufenden Faden über den Ausschnitt von einer Kerbe zur anderen. So ergibt sich ein regelmäßiges Gitternetz von jeweils 50 mm pro Quadrat.

Ein Gitternetz verwenden

Mit einem Gitternetz lassen sich nicht nur die Proportionen der einzelnen Körperteile messen (siehe unten), sondern auch ihre Ausrichtung erkennen. Schaut man durch die zentrale Vertikale des Gitters, sieht man zum Beispiel, daß das rechte Knie auf einer Linie mit der linken Gesichtshälfte des Modells liegt. Indem man das Gitternetz in verschiedene Positionen bringt, seitlich oder aufwärts und abwärts, werden viele andere Ausrichtungen sichtbar. Selbst wenn man das Objekt nur durch einen rechtwinkligen Rahmen ohne Raster betrachtet, kann dies sehr nützlich sein, um die Position der Pose zu bestimmen, aber auch um sich zwischen einem Landschaftsformat (horizontal), einem Porträtformat (hochkant) oder einem quadratischen Format zu entscheiden.

Proportionen vergleichen

Bei bestimmten Posen können die relativen Proportionen der einzelnen Körperteile teilweise sehr überraschen. In den drei nebenstehenden Quadraten sehen Sie zum Beispiel, daß die Länge des Oberschenkels nur etwas mehr als ein Quadrat beträgt, während die Länge des Unterschenkels, vom Knie zum Knöchel, drei Quadrate in der Länge einnimmt. Im großen Raster sieht man wiederum, daß der Torso in nur zwei Quadraten Platz findet, während die Beine, ohne Füße, den größten Teil des Rasters, nämlich fast sechs Quadrate, einnehmen.

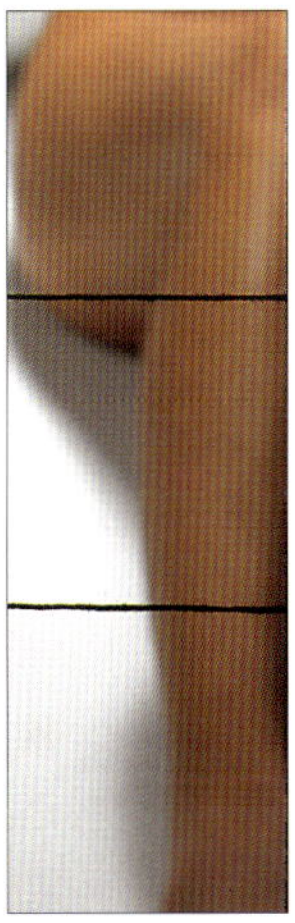

PERSPEKTIVE

Perspektivische Regeln wirken oft etwas einschüchternd. Einige Grundkenntnisse können jedoch für das Verständnis von perspektivischen Verkürzungen der Figur aus bestimmten Blickwinkeln hilfreich sein.

DIE LINEARPERSPEKTIVE IST eigentlich nur ein System, das Tiefe und Räumlichkeit auf der zweidimensionalen Fläche schafft. Dadurch erscheinen die zeichnerisch dargestellten Dinge so, wie sie auch in der optischen Realität zu sehen wären. Weiter entfernt liegende Gegenstände erscheinen zum Beispiel kleiner und verzerrter als die, die näher sind. Dieses Phänomen wird Verkürzung genannt. Wenn unsere Beobachtungsgabe scharf genug wäre, bräuchte man kein perspektivisches Wissen. So aber helfen uns einige Grundregeln beim Verständnis der optischen Verkürzungen. Jeder, der sich eingehender mit diesem Thema beschäftigen möchte, sollte sich die entsprechende Fachliteratur besorgen.

EINPUNKT-PERSPEKTIVE (ZENTRALPERSPEKTIVE)

Die erste Regel lautet: Alle parallelen, geraden Linien laufen in einem Fluchtpunkt zusammen. Diese Methode demonstriert, wie man Formen und, daraus abgeleitet, Figuren perspektivisch zeichnet. Um es etwas einfacher zu machen, können Sie das erste Rechteck dieser Übung nach Augenmaß zeichnen.

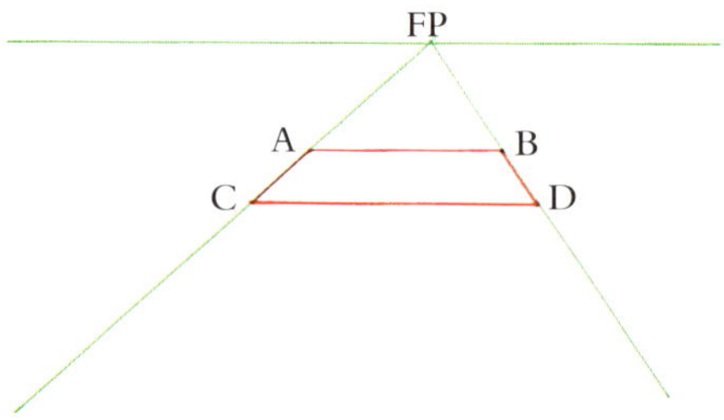

1 Zeichnen Sie eine Horizontlinie und zwei gerade Linien, die sich in einem Fluchtpunkt (FP) treffen. Zeichnen Sie zwei Parallelen zum Horizont, um ein perspektivisch gesehenes Quadrat wiederzugeben (ABCD).

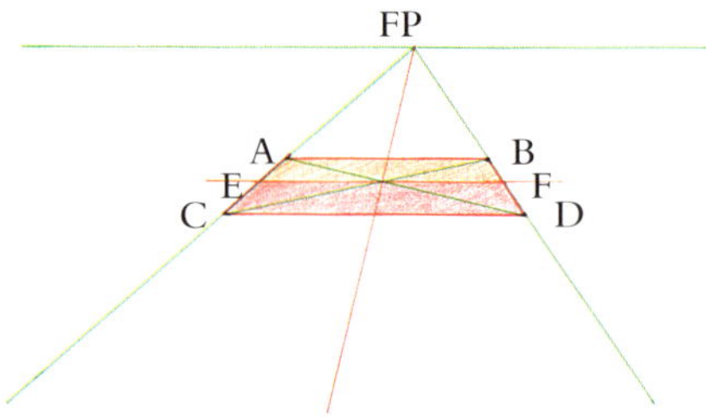

2 Zeichnen Sie die Diagonalen AD und CB. Im Schnittpunkt der Diagonalen liegt der Mittelpunkt des Quadrats ABCD. Ziehen Sie durch diesen Schnittpunkt eine horizontale Linie EF und eine Linie zum Fluchtpunkt.

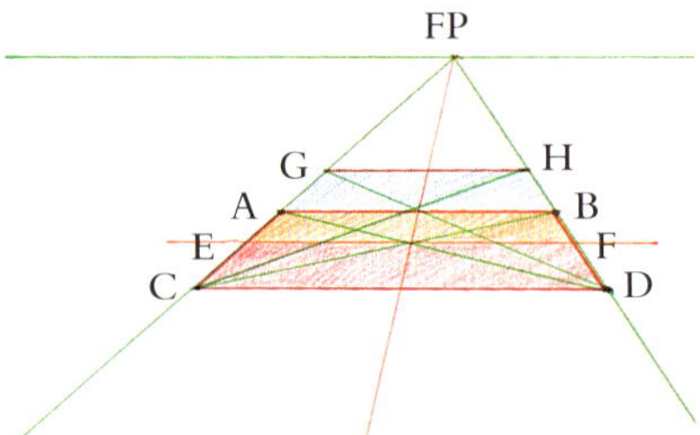

3 Die beiden Hälften des Quadrats, in Orange und Rot schattiert, zeigen für diesen Blickwinkel die richtige perspektivische Form und Größe. Nun projizieren Sie eine Linie von C durch den Schnittpunkt von AB und der orangenen Mittellinie auf die grüne Parallele (H). Wiederholen Sie dies von D aus. Zeichnen Sie eine Linie durch H parallel zu AB. Das neue blaue Quadrat (GHAB) entspricht dem alten ABCD in perspektivischer Verkleinerung.

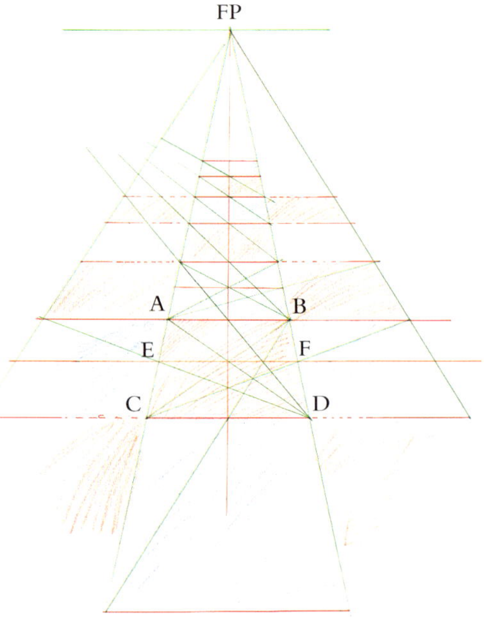

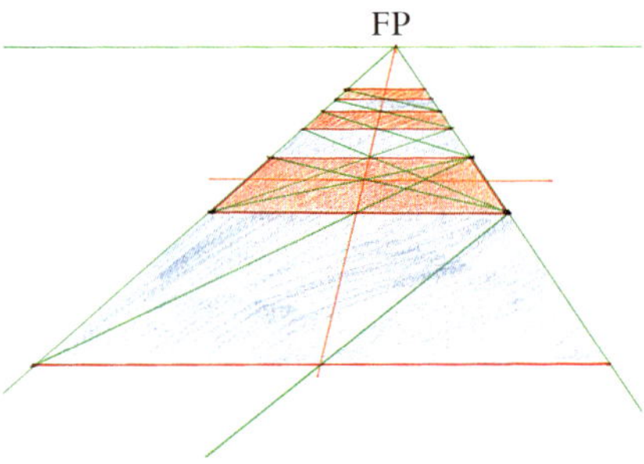

4 Mit Hilfe von Schritt 3 lassen sich nun beliebig viele, immer kleinere Quadrate zeichnen. Wie an dem großen Quadrat im Vordergrund zu erkennen ist, funktioniert die Methode auch in umgekehrter Richtung, nach vorne auf den Betrachter zu.

5 Wenn man den Winkel der beiden Fluchtlinien verkürzt, erhält man einen höheren Augenpunkt. Sie können die Reihen der Rechtecke nach außen hin auch erweitern.

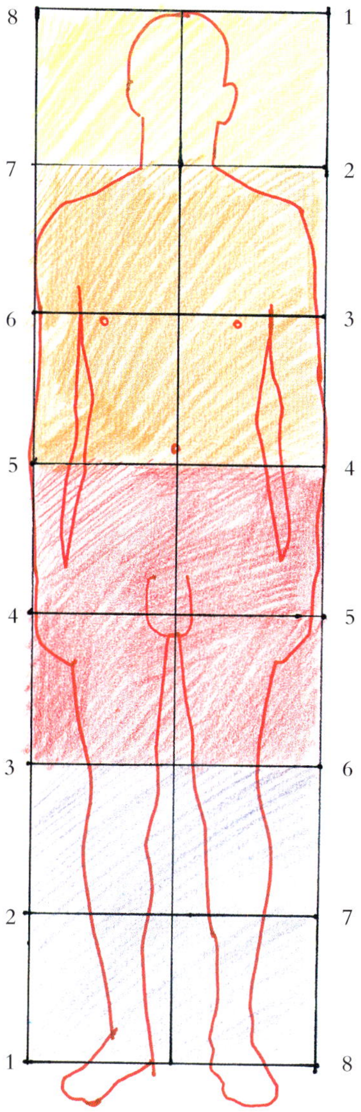

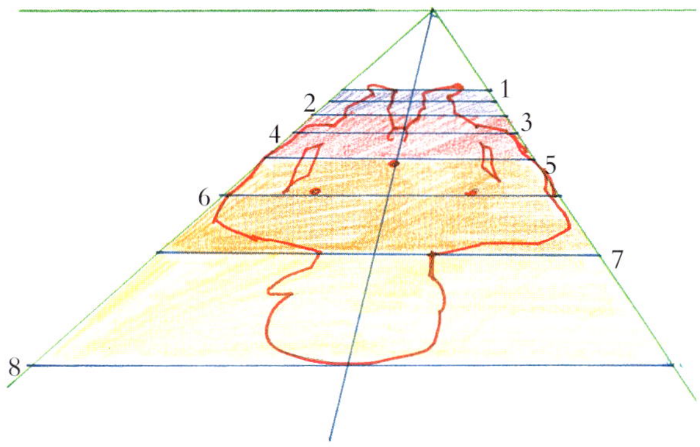

Vom Kopf aus gesehen

Für die Zeichnung rechts habe ich einen etwas höheren Augenpunkt als im Schema oben gesetzt. Der Effekt ist jedoch fast der gleiche. Die Zeichnung ist ein schönes Beispiel für eine Verkürzung. Kopf und Oberkörper nehmen mehr Raum ein als Hüfte und Beine, die in ihrer Länge stark verkürzt wirken.

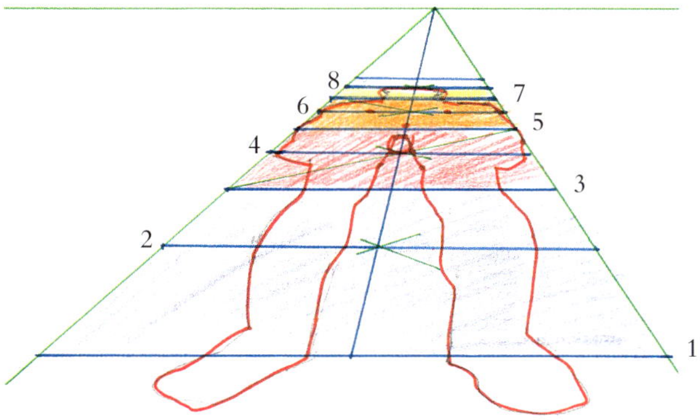

Aufrastern

Wie läßt sich nun das perspektivische Zeichnen von Quadraten auf die Figurenzeichnung übertragen? Nehmen Sie dafür eine der aufgerasterten Figuren von S. 59 und numerieren Sie die Quadrate auf der einen Seite von 8-1 und auf der anderen von 1-8. Numerieren Sie die entsprechende Fläche in Ihrer perspektivischen Zeichnung und übertragen Sie dann den Umriß der Figur. Legen Sie zuerst die Brustwarzen und den Bauchnabel der Figur fest, die ungefähr auf der Höhe der Linien 6 bis 3 und 5 bis 4 liegen. So erhalten Sie einen perspektivischen Umriß, den Sie als Grundlage für Ihre Zeichnung verwenden können.

Von den Füßen aus gesehen

Verwenden Sie auch hier das Figurenraster, um den Abstand der Beine von der Mittellinie und den Abstand zwischen den Beinen festzulegen. Verkürzung heißt hier, daß die Beine den meisten Platz in der Zeichnung einnehmen. Aber auch die Beine sind in der Perspektive verkürzt: Der linke Oberschenkel ist weniger lang als breit.

Zweipunkt-Perspektive

Verändert man den Blickwinkel von der frontalen Ansicht zur Seitenansicht, kommen zwei Fluchtpunkte ins Spiel. Bei einem Würfel laufen die beiden sichtbaren Seiten in zwei verschiedene Fluchtpunkte aus, daher der Name Zweipunkt-Perspektive.

Wie man an dem Schema rechts sieht, liegen beide Fluchtpunkte auf der gleichen Horizontlinie, die mit der Augenhöhe übereinstimmt. Doch liegt keiner der beiden Fluchtpunkte im Sehzentrum des Betrachters.

Bei der Übung unten zur Projektion von Kuben auf zwei Fluchtpunkte werden die gleichen Methoden wie auf den vorhergehenden Seiten angewandt. Dadurch entsteht ein dreidimensionaler Quader, mit dem man liegende Figuren perspektivisch zeichnen kann.

In diesem Fall habe ich eine Puppe eingezeichnet (s. gegenüberliegende Seite). Wenn Sie diese Übung einmal verstanden haben, können Sie solche Figuren später auch ohne Rahmen zeichnen.

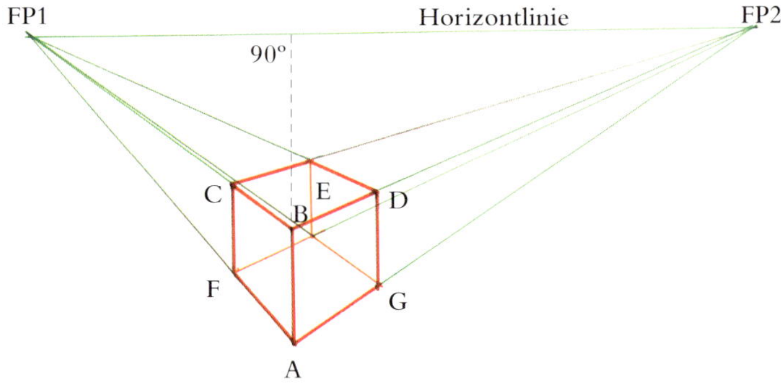

Um einen perspektivischen Kubus zu konstruieren, zeichnen Sie erst eine Linie im Winkel von 90° zur Horizontlinie. Vom Punkt A ziehen Sie Linien in verschiedenen Winkeln zum Horizont und erhalten die Fluchtpunkte FP1 und FP2. Legen Sie die Höhe der Vorderkante des Kubus fest und ziehen Sie von dort Linien zu FP1 und FP2. Zeichnen Sie zwei Vertikalen (CF und DG), um die Seitenhöhe des Kubus festzulegen. Ziehen Sie eine Linie von C und F zu FP2 und von D und G zu FP1. Wo die Linien sich überschneiden (E), errichten Sie die Hinterkante des Würfels.

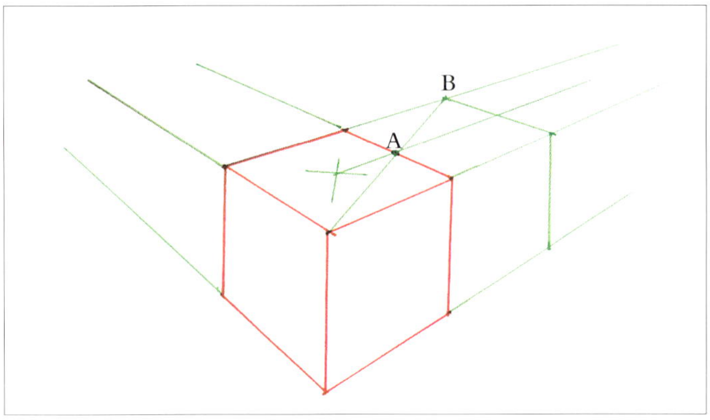

1 Zeichnen Sie auf der Oberseite des Kubus zwei Diagonalen, um den Mittelpunkt zu finden (grünes X). Ziehen Sie von X aus eine Linie zu FP2, um den Mittelpunkt der Seitenkante zu finden (A). Ziehen Sie eine Linie von der gegenüberliegenden Ecke des Würfels durch A auf die Fluchtlinie der linken Würfelseite (B).

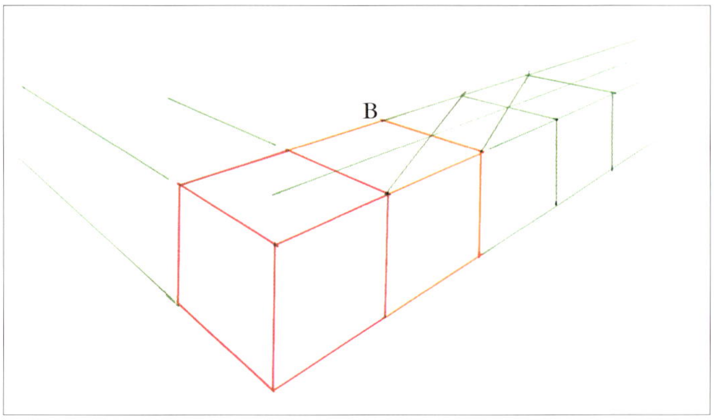

2 Von B aus konstruieren Sie nach den Regeln von Schritt 2 einen weiteren perspektivischen Kubus oder auch mehrere zum Fluchtpunkt FP2. Die Würfelseiten werden hier als Geraden angenommen. In Wirklichkeit müßten Sie von dem erhöhten Blickpunkt aus leicht gebogen wirken.

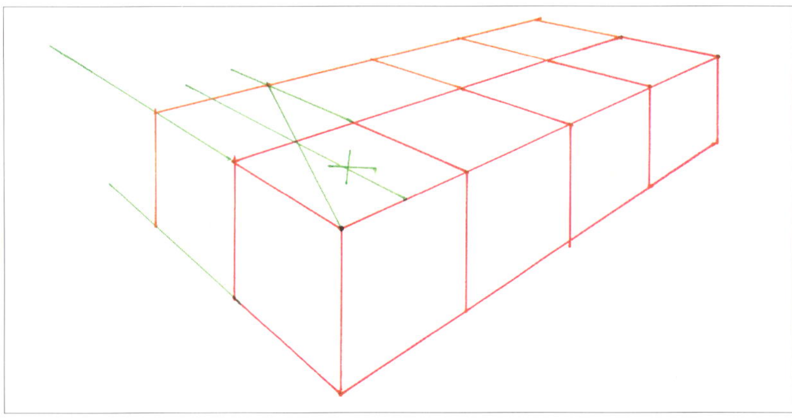

3 Eine zweite Reihe von Würfeln läßt sich durch Projektion auf den FP1 schaffen. Hat man acht Kuben in zwei Reihen mit jeweils vier gezeichnet, erhält man eine lange Quaderform, die für perspektivisch gezeichnete liegende Figuren verwendet werden kann.

Praktische Übung

In dieser Übung habe ich eine perspektivische Quaderform verwendet, um eine liegende Puppe von seitlich oben zu zeichnen. Auch hier gelten die für den Quader zutreffenden perspektivischen Regeln. Die durch den Körper führenden Linien treffen sich im linken, die am Körper entlanglaufenden im rechten Fluchtpunkt. Demnach zeigt die Puppe zwei perspektivische Richtungen, ist jedoch am stärksten nach rechts ausgeprägt.

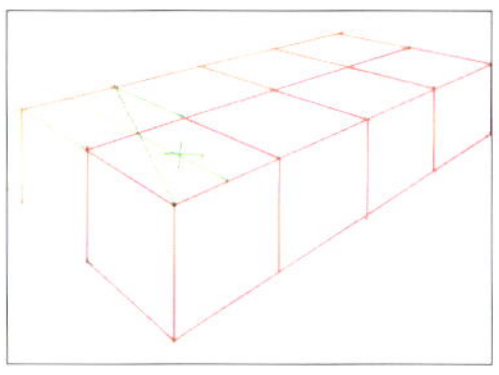

Um eine liegende Figur zu zeichnen, können Sie ein perspektivisches Raster verwenden, das auf einer länglichen Quaderform basiert.

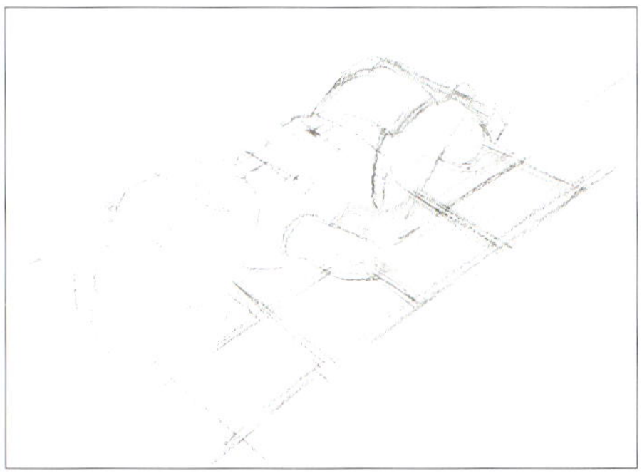

1 *Ich zeichnete mit Kohle ein grobes Raster als Grundfläche des Quaders, den ich auf der gegenüberliegenden Seite konstruiert habe. Darauf zeichnete ich die Puppe, wobei ich mir das Gerüst des Quaders als Zeichenhilfe vorstellte (s. gegenüberliegende Seite).*

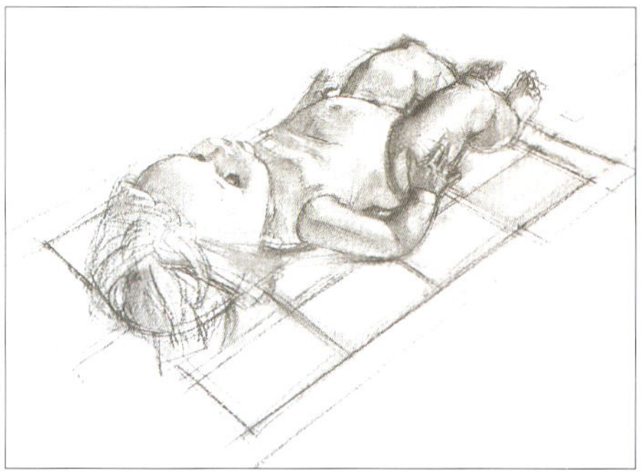

2 *Die Puppe wurde mit Hilfe der perspektivischen Hilfskonstruktion fertig gezeichnet. Überprüfen Sie noch einmal, ob Augen, Brustwarzen und Knie richtig eingezeichnet wurden. Eine durch die Augen gezogene Linie sollte auf den Fluchtpunkt treffen, den Sie für die Konstruktion des Quaders verwendet haben.*

Material

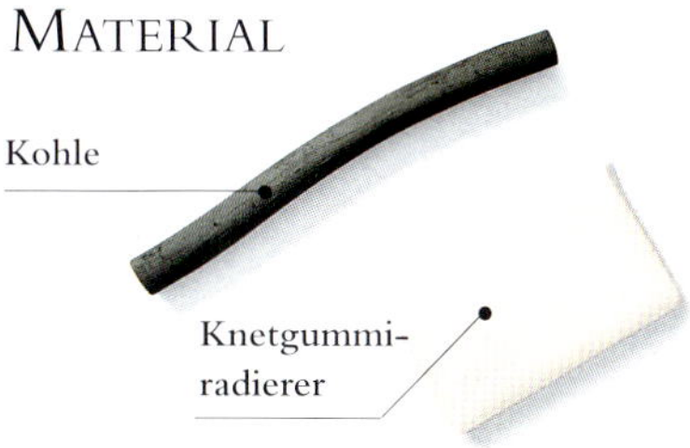

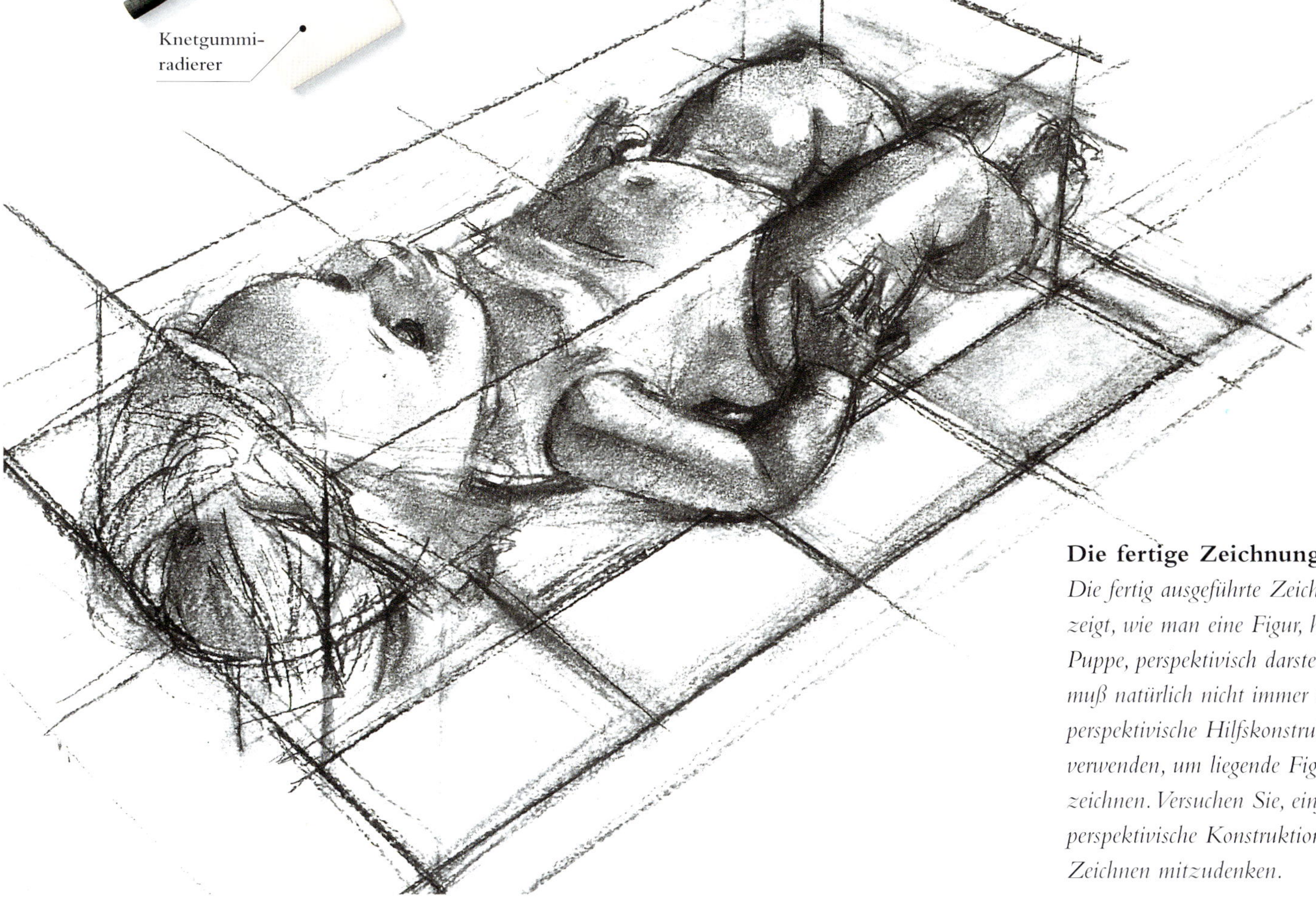

Die fertige Zeichnung

Die fertig ausgeführte Zeichnung zeigt, wie man eine Figur, hier eine Puppe, perspektivisch darstellt. Man muß natürlich nicht immer eine perspektivische Hilfskonstruktion verwenden, um liegende Figuren zu zeichnen. Versuchen Sie, einfach die perspektivische Konstruktion beim Zeichnen mitzudenken.

Praktische Übung

Wie die liegende Figur mit der perspektivischen Konstruktion eines langen, niedrigen Kastens erfaßt werden kann, so kann eine sitzende oder kniende Figur mit Hilfe eines flachen und eines hohen Kastens konstruiert werden. Der obere Bereich in dem Schema rechts (orange gezeichnet) zeigt, daß der Fluchtpunkt nach rechts abfällt, wenn der Kasten/die Figur über den Horizont hinausragt. Dies deutet darauf hin, daß der Betrachter nach oben schaut. Bei der Puppe liegt der Betrachterstandort jedoch höher.

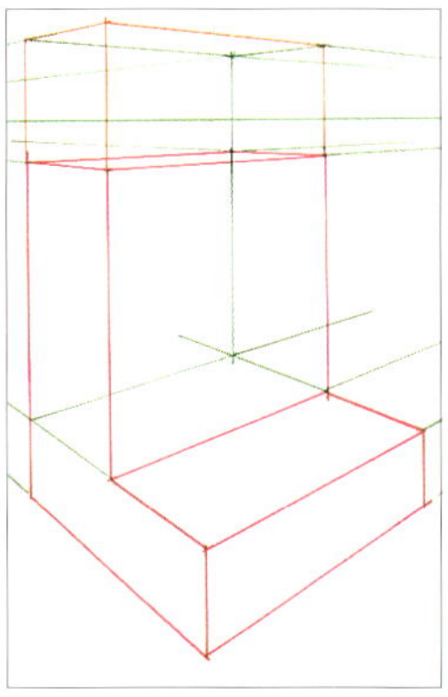

Verwenden Sie für die perspektivische Konstruktion einer sitzenden Figur eine plastische L-Form.

1 *Bei dieser Zeichnung einer Puppe sind die durch Schulter, Ellbogen, Hüfte und Knie gehenden Linien alle parallel. Eine solche saubere Pose findet man im Leben nur selten. Stellt man sich eine solche Rasterbox beim Zeichnen vor, so kann man ermessen, in welchem Umfang die Pose von der Symmetrie abweicht.*

Material

2B-Stift

2 *Ich ließ die Arme zunächst weg, weil sie in anderen Winkeln verlaufen und daher das perspektivische Raster durchbrechen, und habe sie erst zum Schluß unter Berücksichtigung der unterschiedlichen Ebenen eingezeichnet.*

Die fertige Zeichnung

Es stört bei dieser Zeichnung kaum, wenn man das perspektivische Raster vorsichtig mitzeichnet. Man kann es zur Überprüfung der richtigen Perspektive verwenden. In der fertigen Zeichnung wird die Konstruktion durch die kräftige Modellierung der Puppe zurückgedrängt, und der Betrachter sieht durch das Raster hindurch nur das Motiv.

Dreipunkt-Perspektive

Bei normaler Augenhöhe reicht die Zweipunkt-Perspektive aus. Von einem sehr hohen oder einem sehr niedrigen Blickpunkt sieht man aber noch eine dritte perspektivische Verkürzung. Stellen Sie sich vor, Sie stehen auf einem hohen Gebäude und schauen auf ein zweites hohes herunter. Die Vertikalen scheinen nach unten zusammenzulaufen. Der imaginäre Punkt, an dem sie sich treffen, ist der dritte Fluchtpunkt.

Ähnlich ist es, wenn man ein hohes Gebäude von unten anschaut. Nun liegt der dritte Fluchtpunkt sehr weit oben im Himmel. Beim Zeichnen eines Modells, das auf dem Boden steht, muß man schon sehr nahe in niedriger Augenhöhe vor ihm sitzen, um einen ähnlichen Effekt zu erzielen. Wenn das Modell jedoch auf einem Tisch stehen würde, hätte man vielleicht eine ähnliche Ansicht, wie sie in der unteren Reihe der Schemata zu finden ist.

Von einem hohen Blickpunkt aus gesehen

Von einem hohen Blickpunkt aus, von dem man auf den Gegenstand herunterblicken kann, scheinen vertikale Linien auf einen dritten Fluchtpunkt irgendwo unterhalb des Bodens zuzulaufen.

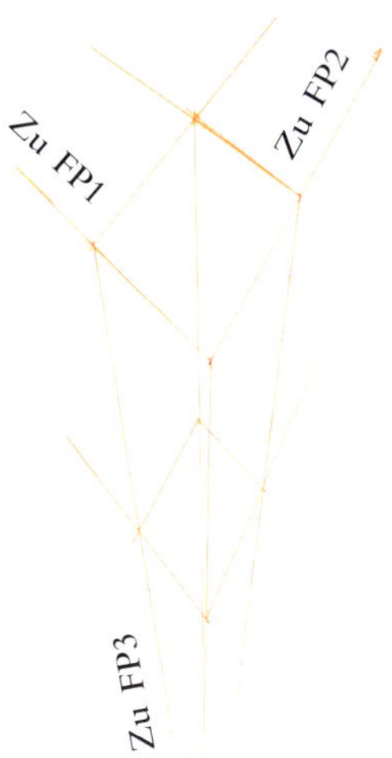

1 Schaut man auf das Motiv steil herunter, laufen die Linien der Oberseite und der Seitenteile nach links und rechts (FP1 und FP2), die Vertikalen aber münden in den Fluchtpunkt FP3.

2 Ich habe das „Gebäude“ nach den Regeln der Ein- und Zweipunkt-Perspektive in vier Kuben zerlegt. Durch die Perspektive verkürzen sich die normalerweise gleich großen Kuben mit zunehmender Entfernung.

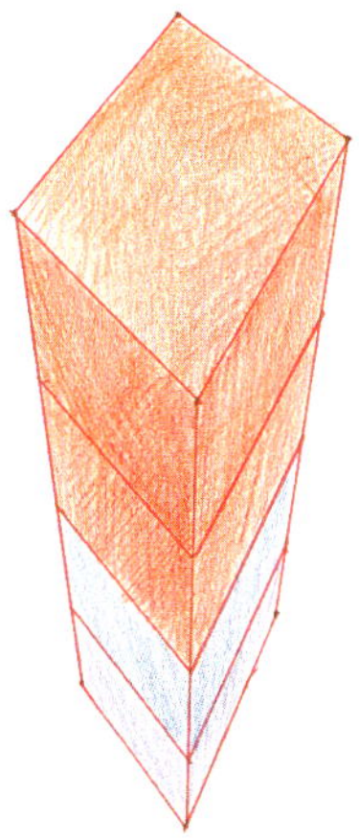

3 Wenn man sich vorstellt, dieser Turm würde eine menschliche Figur umschließen, so würde die obere Hälfte den Oberkörper enthalten, während sich die Beine mit dem kleinen blauen Teil zufriedengeben müßten.

Von einem niedrigen Blickwinkel aus gesehen

Von einem Blickwinkel, von dem aus Sie an dem Motiv hochschauen müssen, scheinen die vertikalen Linien in einem dritten Fluchtpunkt zusammenzulaufen, der irgendwo im Himmel liegt.

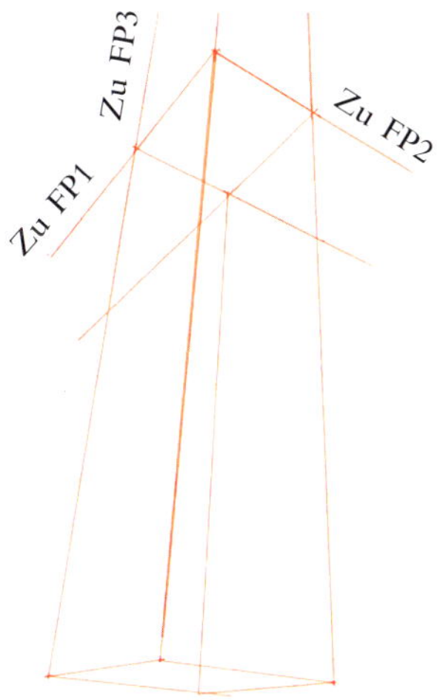

1 Die Form des Turmes ähnelt dem obigen, mit dem Unterschied, daß nun bei einem niedrigen Blickwinkel die Seitenlinien zusammenlaufen.

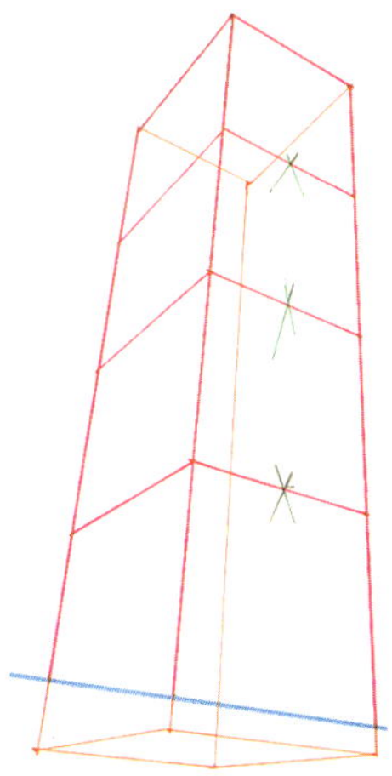

2 Ich habe nun den Turm in Kuben zerlegt. Damit er nicht in der Luft schwebt, habe ich noch den Rand der Standfläche eingezeichnet, von der aus ich diesen Blick haben würde.

3 Stellt man sich wieder eine eingeschlossene Figur vor, so müßte sich jetzt der Oberkörper in die beiden oberen, blau schraffierten Kuben zwängen.

Praktische Übung

Diese Übung zeigt eine von oben gesehene Figur mit drei Fluchtpunkten, links, rechts und über der Figur. Die dritte, nach unten gehende Verkürzung ist besonders auffällig und am schwierigsten zu zeichnen. Da die Figur aufrecht steht und ich einen nahen Blickwinkel habe, ist die Verkürzung in dieser Richtung extrem. Man glaubt bei diesen starken Verkürzungen oft seinen Augen nicht zu trauen. Man zeichnet ja meist das, was einem vertraut ist, und weniger gerne das, was tatsächlich vor einem steht. Um dieses zeichnerische Problem anzugehen, achten Sie auf ungewöhnliche Verbindungen und Formen und fertigen Sie einige Hilfskonstruktionen an (s. Verkürzung, rechts).

Verkürzung

Bei extremen Verkürzungen braucht man so viele Hilfslinien wie nur möglich, um die Figur richtig zu sehen. Verwenden Sie Perspektivboxen und Konstruktionslinien, um mit den scheinbaren Verzerrungen fertig zu werden.

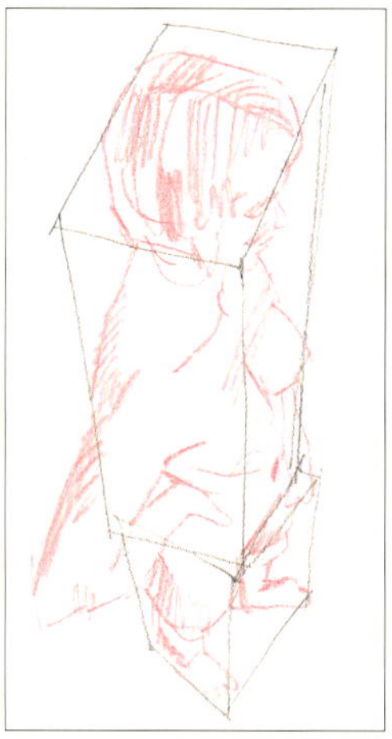

Da das Modell leicht in der Hüfte eingeknickt steht, habe ich zwei Perspektivboxen in leichter Verschiebung zueinander konstruiert (links). Ich markierte auch die Verzerrungen, die durch die Verkürzung entstanden (rechts). Die untere, rosafarbene Linie zeigt, daß der Ellbogen tiefer liegt als der linke Fuß. Die roten Pfeillinien machen wiederum deutlich, daß der rechte Arm ungefähr dreimal so lang ist wie der Oberschenkel.

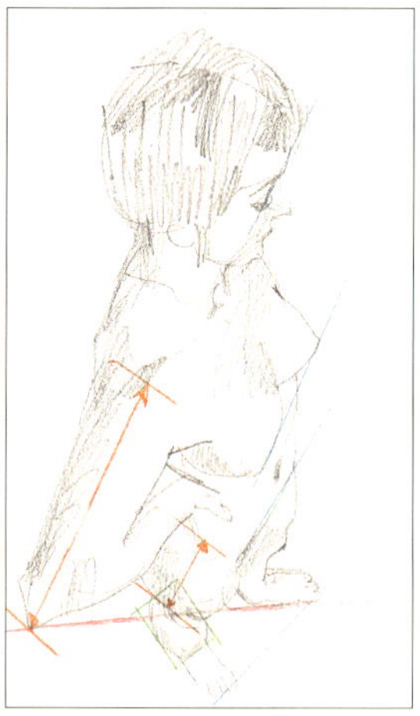

Material

Eine Auswahl an Conté-Stiften

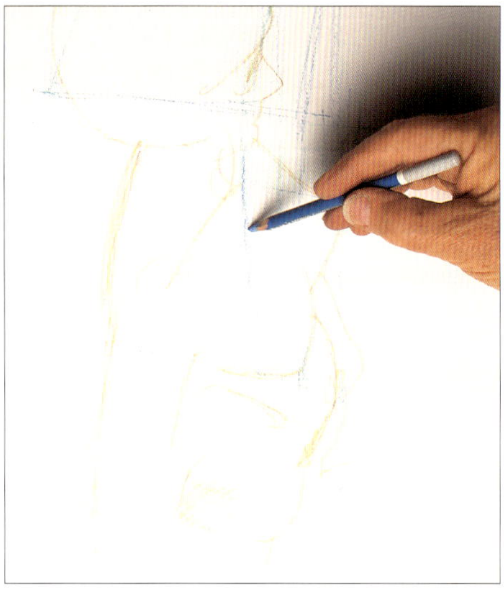

1 *Für diese Übung brauchen Sie nicht viel höher als Ihr Modell zu stehen, vorausgesetzt Sie sind nahe genug. Sie sollten die Füße und etwas von den Beinen, den Oberkörper und das Gesicht sehen können. Dann skizzieren Sie die beiden Perspektivboxen leicht ein.*

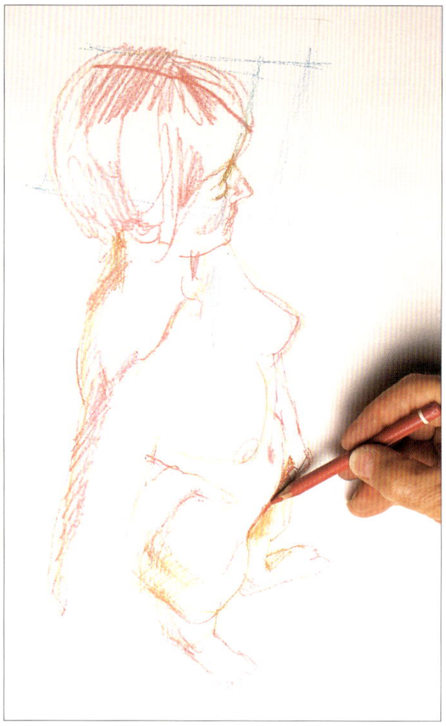

2 *Zeichnen Sie unter Berücksichtigung der oben gezeigten Verzerrungen die Grundformen der Figur in Rot ein, damit sich die Figur von den blassen, blauen Konstruktionslinien später gut abhebt.*

3 *Das Haar verträgt eine festere Form- und Farbgebung. Achten Sie auf die Gesichtszüge. In der Verkürzung liegen sie sehr nahe zusammen.*

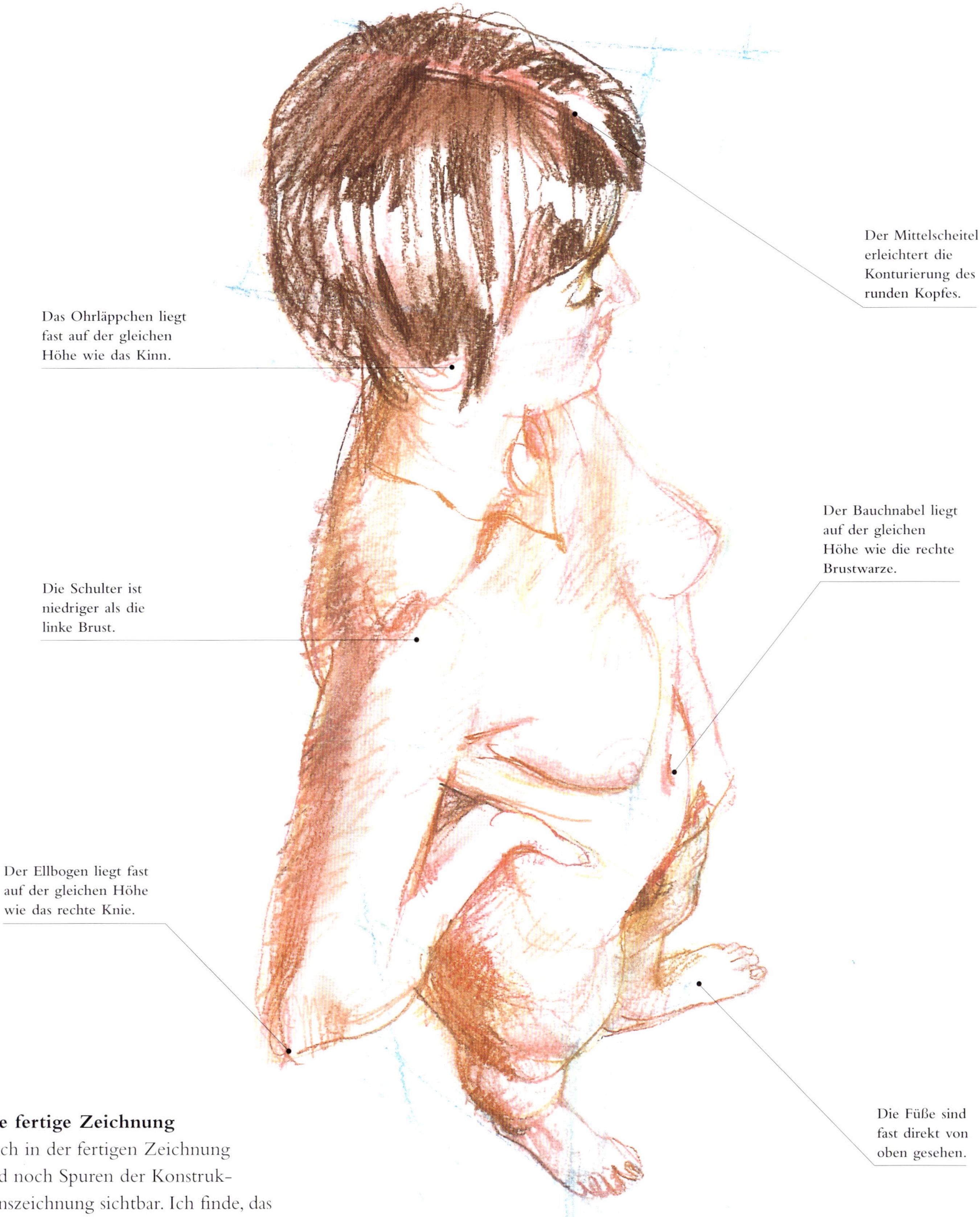

Die fertige Zeichnung
Auch in der fertigen Zeichnung sind noch Spuren der Konstruktionszeichnung sichtbar. Ich finde, das stört überhaupt nicht. Das zeigt, daß Sie nachgedacht haben und lenkt nicht von der Figurendarstellung ab

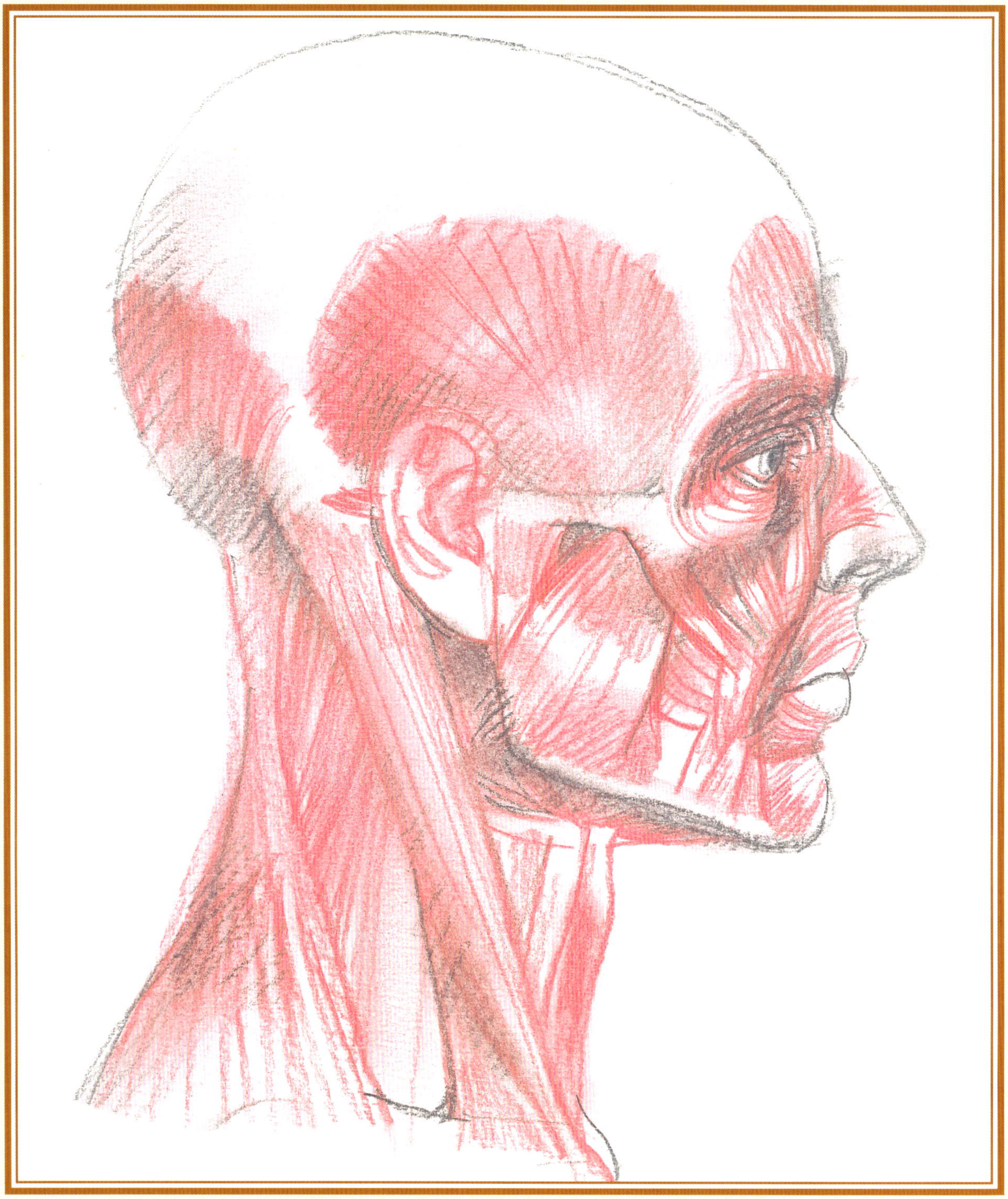

ANATOMIE

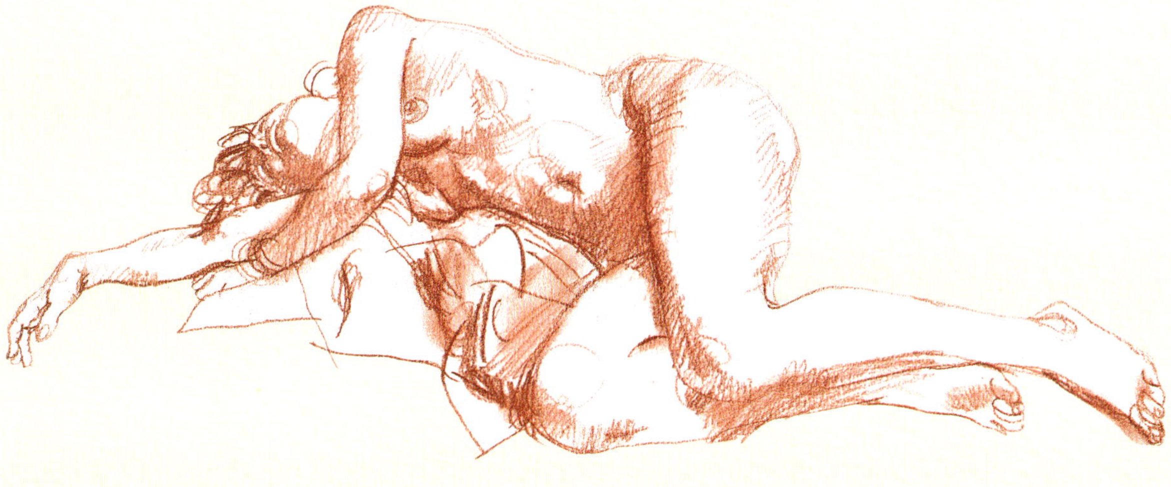

PROPORTIONEN

Alle Versuche, ein festes System der Körperproportionen zu finden, sind bisher an der unendlichen Vielfalt der menschlichen Rasse gescheitert. Beim Zeichnen nach Modell können jedoch einige Grundkenntnisse der „Normen" die richtige Wiedergabe der Proportionen erleichtern.

SEIT DER ANTIKE versucht man die Proportionen des menschlichen Körpers in ein System zu bringen, das irgendwelche mystischen oder sogar göttlichen Ursprünge offenbart oder zumindest mathematische Regelmäßigkeit sichert. Für jede Regel, die man im Bereich der Proportionen aufgestellt hat, scheint es jedoch eine Ausnahme zu geben. Vielleicht suchten die Ästheten die perfekte menschliche Form, die es jedoch in der Wirklichkeit nicht geben kann. Den Künstler faszinieren allerdings gerade die unendlichen Variationen und Besonderheiten des Körpers.

Trotzdem sollte man mit den Grundproportionen vertraut sein, und sei es nur, um die Abweichungen des Modells von der Norm zu erkennen. Eine bekannte Klassifikation beschreibt die Länge des Kopfes im Verhältnis zum Körper. „Normal" ist, daß der Kopf siebenmal in die Länge des Körpers (1:7) paßt. Dieses Verhältnis wird bei den erwachsenen Figuren rechts gezeigt. Man findet jedoch auch Größenverhältnisse von 1:6,5 oder 1:7,5. Bei einigen Menschen findet sich sogar das Verhältnis 1:8, das der griechische Bildhauer Praxiteles für die ideale Proportion des menschlichen Körpers hielt.

Die rote Linie teilt den Körper in zwei Hälften, meistens genau über der Scham, ganz unabhängig von Größe, Geschlecht und Körperbau. Mit anderen Worten, ungefähr die Hälfte der Körpergröße eines Erwachsenen machen die Beine aus.

Vom Kind bis zum jungen Erwachsenen

Man sollte sich auf jeden Fall die Proportionen bei einem Baby merken: Die Gesamtgröße eines Babys beträgt nur vier Kopflängen, im Unterschied zur Größe eines Erwachsenen von ungefähr sieben Kopflängen. Die Beine weisen in den ersten Jahren das schnellste Wachstum auf. Im Alter von drei Jahren machen sie ungefähr die Hälfte der Körpergröße aus.

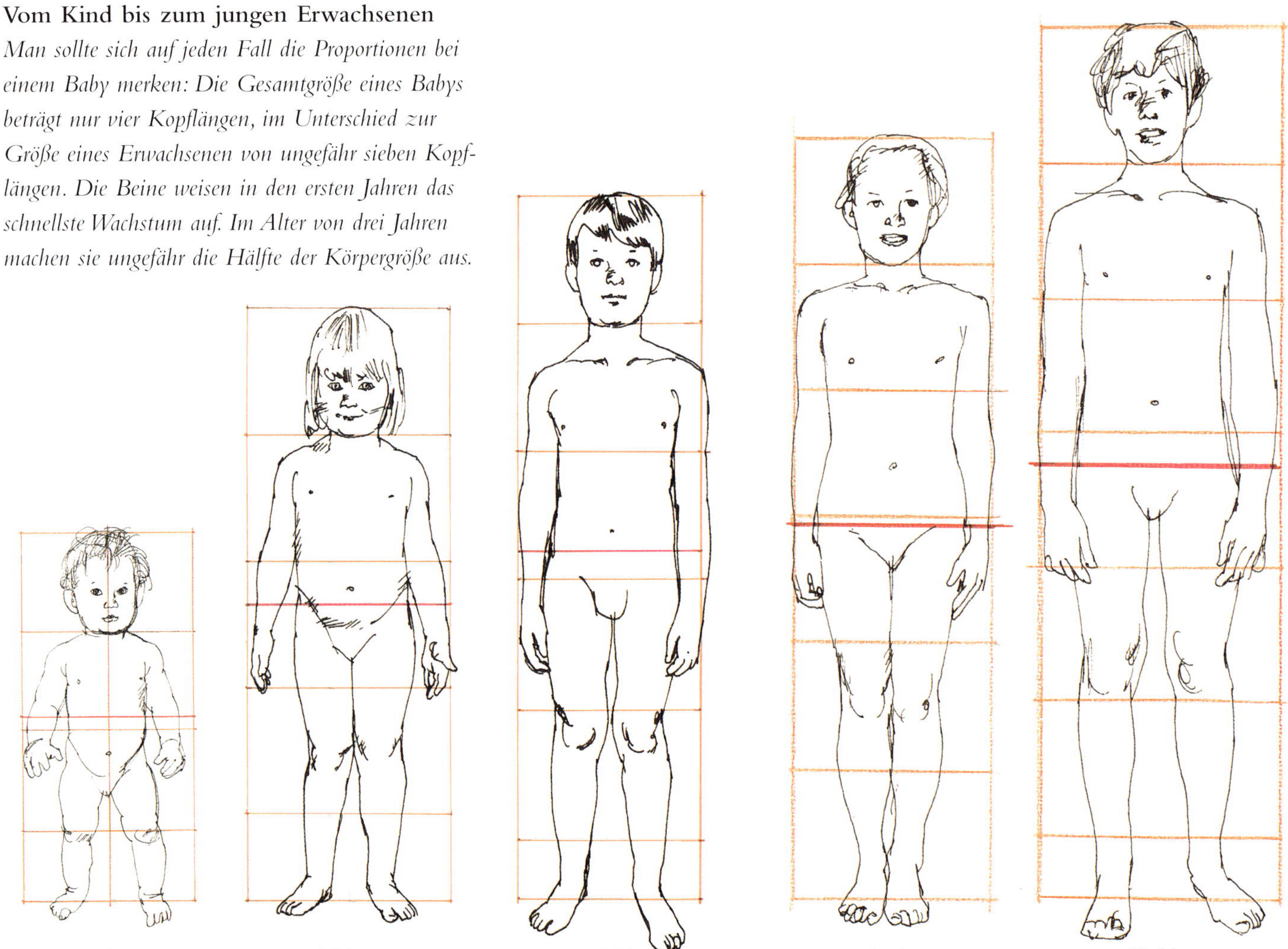

Baby
1:3,5 Kopflängen

3 Jahre
1:4,5 Kopflängen

6 Jahre
1:5,33 Kopflängen

9 Jahre
1:6 Kopflängen

12 Jahre
1:6,33 Kopflängen

> ## *Hinweis*
> *Das orangene Raster teilt die Gesamtgröße jedes Körpers von Kopf bis Fuß in Abschnitte ein, die der jeweiligen Kopfgröße entsprechen. Die rote Linie markiert die Hälfte der Körpergröße jeder einzelnen Figur.*

Der Geschlechterunterschied

Diese beiden Zeichnungen stellen den männlichen und den weiblichen Prototyp dar. Der fundamentale Unterschied liegt in dem breiteren Becken der Frau begründet, das durch die schützenden Fettschichten weichere Konturen aufweist. Die männliche Figur hat schmalere Hüften und einen ausgeprägteren Oberkörper. Das sind natürlich Verallgemeinerungen – es gibt sehr viele individuelle Abweichungen von dieser „Norm".

Unterschiedlicher Körperbau

Aufgrund des unterschiedlichen Körperbaus können sehr verschiedene Konturen entstehen. Der Mann links hat eine deutliche Muskulatur mit wenig Fett, während der Mann mit dem schlanken Körperbau rechts hochgewachsener ist und durch ein gleichmäßiges Fettpolster weichere Rundungen hat.

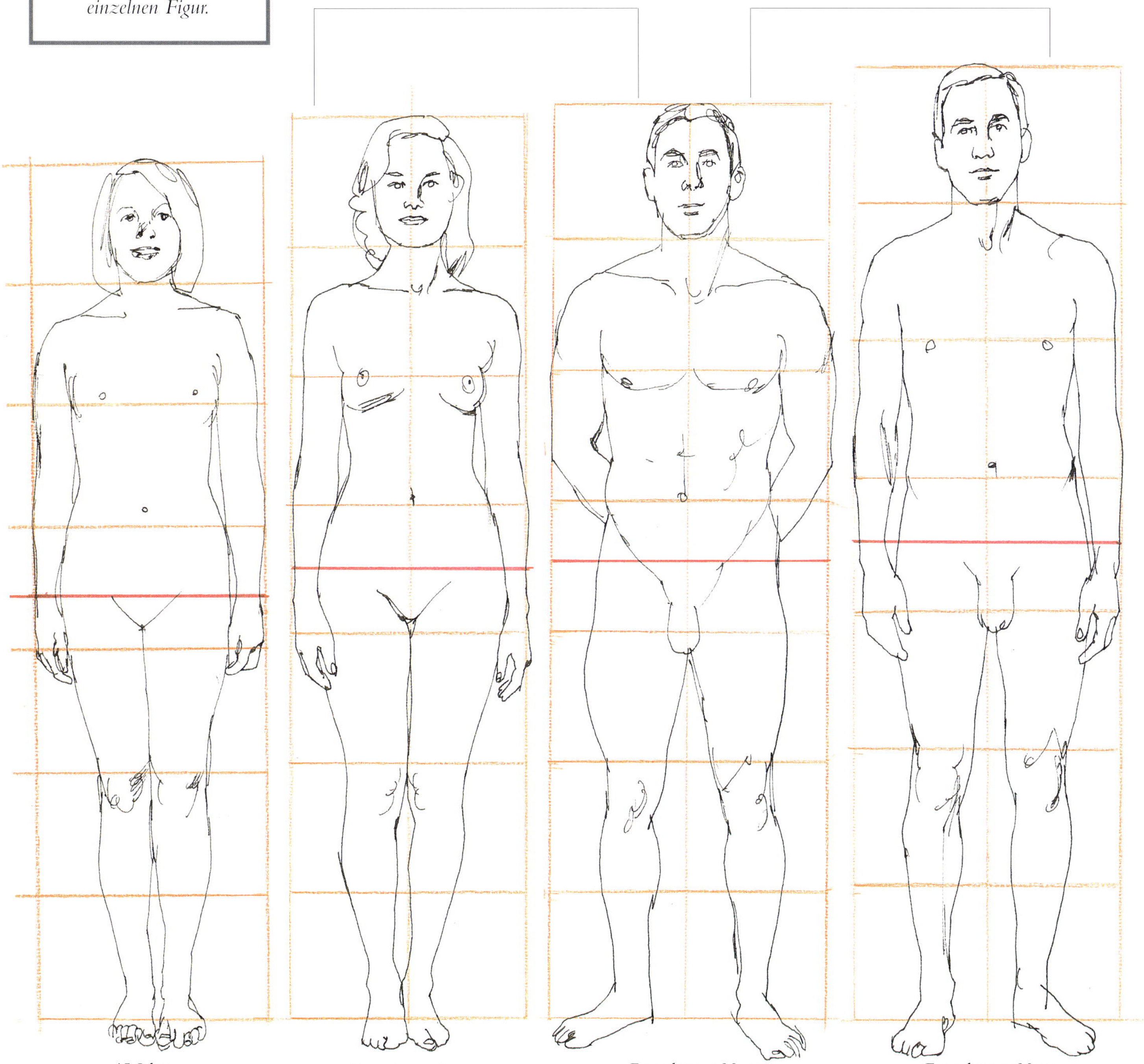

15 Jahre
1:7 Kopflängen

Erwachsene Frau
1:7 Kopflängen

Erwachsener Mann,
athletischer Körperbau, 1:7 Kopflängen

Erwachsener Mann,
schlanker Körperbau, 1:7 Kopflängen

Das Skelett

Der Künstler muß nicht unbedingt den lateinischen Namen für jeden Knochen des Körpers kennen. Von großer Wichtigkeit für die richtige Wiedergabe der Figur ist jedoch die Kenntnis des Skelettaufbaus.

Seit der Renaissance haben große Künstler ihr Können mit anatomischen Kenntnissen zu untermauern gesucht. Michelangelo und Leonardo zerlegten zu diesem Zweck Leichen, um die inneren Zusammenhänge zu verstehen. Rembrandt malte sogar chirurgische Eingriffe.

Beim Studium des Skeletts beginnt man am besten mit der Wirbelsäule. Diese ist außerordentlich biegsam und beeinflußt die Stellung des Brustkorbs (thorax), dessen Lage zum Becken sich jeweils verändert. Das Erkennen dieser Bewegungen ist wichtig für das Verständnis von Körperposen. Durch die Drehungen und Biegungen der Wirbelsäule versucht der Körper die Balance zu halten und sich zu entspannen.

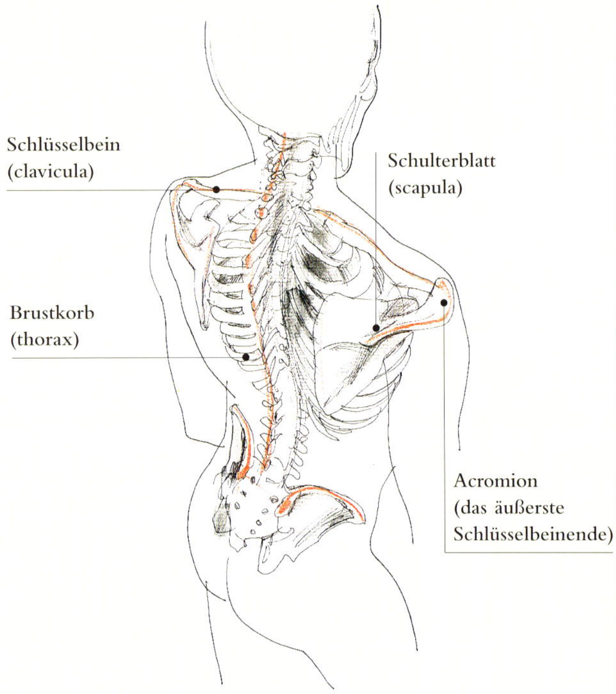

Ansicht des Rumpfskeletts von oben

Achten Sie in diesem leicht von oben gesehenen Schema des Rumpfskeletts auf den Schultergürtel mit dem Schulterblatt, dem Acromion und dem Schlüsselbein. Beachten Sie auch, daß der Brustkorb oder Thorax oben schmaler ist als unten.

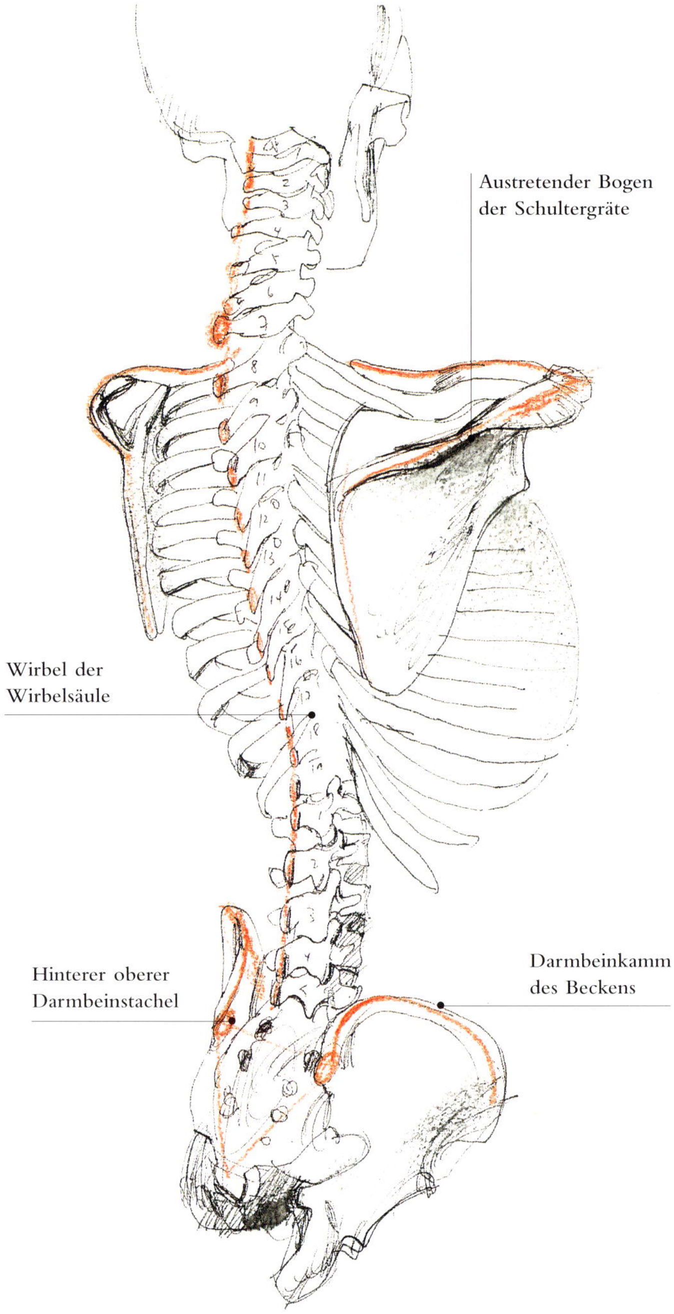

Die im Rumpf sichtbaren Knochen

Diejenigen Knochen, die direkt unter der Haut liegen und daher am lebenden Modell gut erkennbar sind, sind hier orange gekennzeichnet. Sie bieten wertvolle Hinweise auf die jeweilige Position des Körpers. Die am deutlichsten zu erkennenden Knochen sind die Wirbel, die sich zur Wirbelsäule zusammensetzen und eine Vertiefung im Rumpf bilden, oder, bei dünnen Menschen, eine Furche mit knotenförmigen Fortsätzen.

Die aufrecht gebogene Wirbelsäule

Versuchen Sie vor dem Zeichnen, die Anatomie Ihres Modells zu erfassen. Beachten Sie, daß das Gewicht vor allem auf dem rechten Bein ruht. Um das Gleichgewicht zu halten, hat sich der Oberkörper leicht über dieses Bein geschoben. Um trotz dieser Gewichtsverlagerung entspannt zu bleiben, neigt sich die Wirbelsäule nach links und der Schultergürtel geht nach rechts.

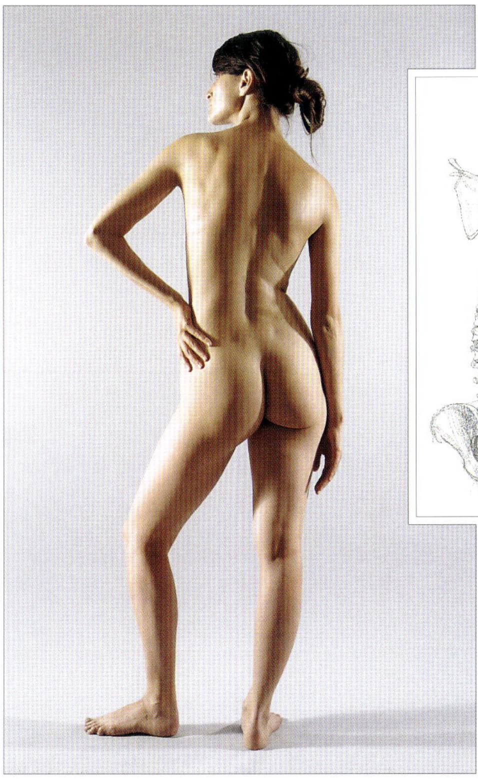

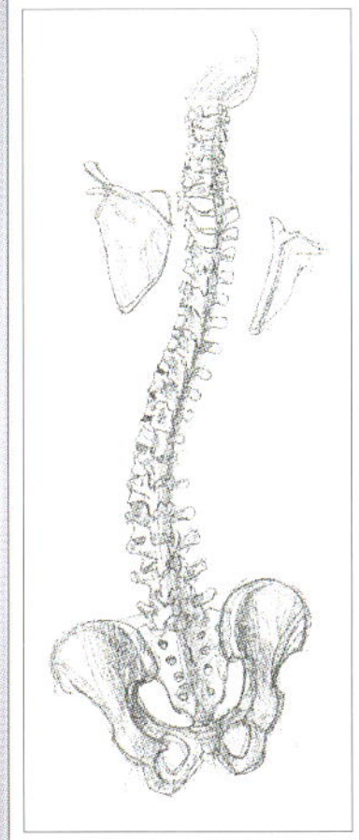

Schauen Sie genau auf die Position der Wirbelsäule, die wichtige Hinweise auf die Körperhaltung gibt. Hier ist sie gebogen, wodurch der Oberkörper über den rechten Fuß geschoben wird.

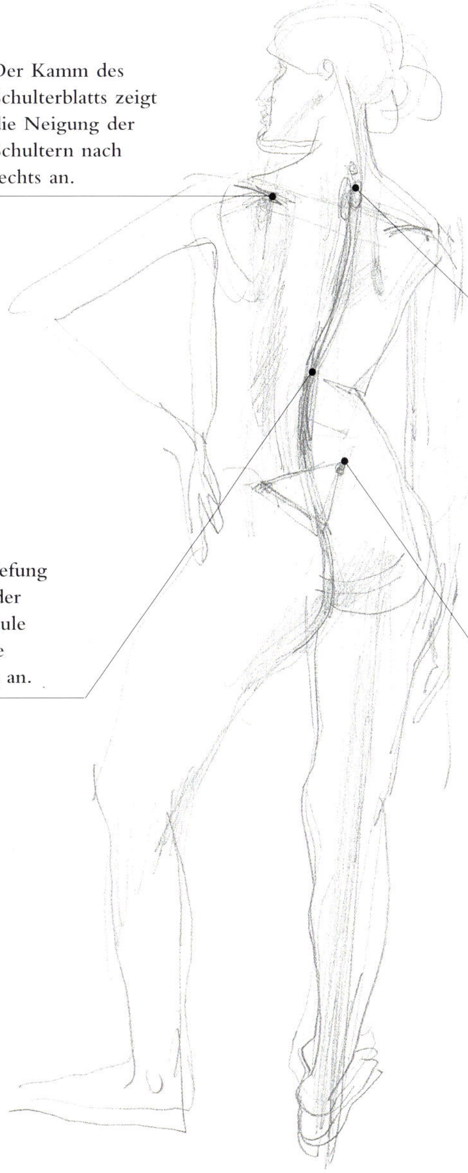

Die Wirbelsäule in Ruhestellung

Diese klassische Pose zeigt die Wirbelsäule in entspannter Haltung. Das Gewicht des Körpers ruht auf dem Becken und dem Oberarm, so daß sich die Wirbelsäule wie eine Wäscheleine absenkt. (Die Bogendehnung hängt von der Flexibilität des Modells ab.) Den Winkel des Beckens kann man an dem Dreieck ablesen, das vom Sitzbein zu den beiden Vertiefungen der hinteren oberen Darmbeinstachel verläuft.

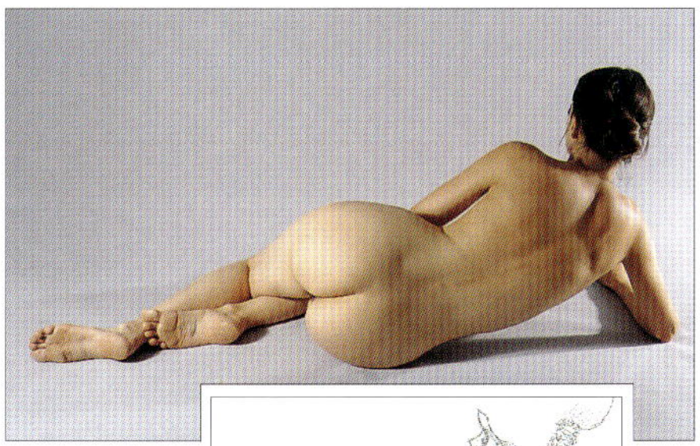

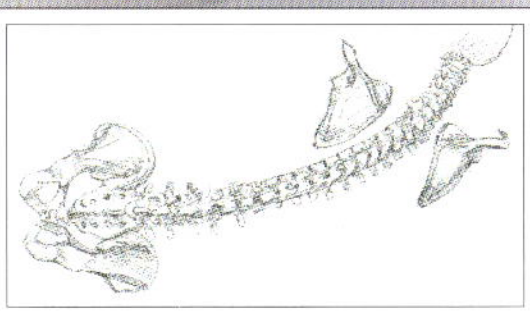

Die entspannte Wirbelsäule senkt sich aufgrund der Schwerkraft leicht ab.

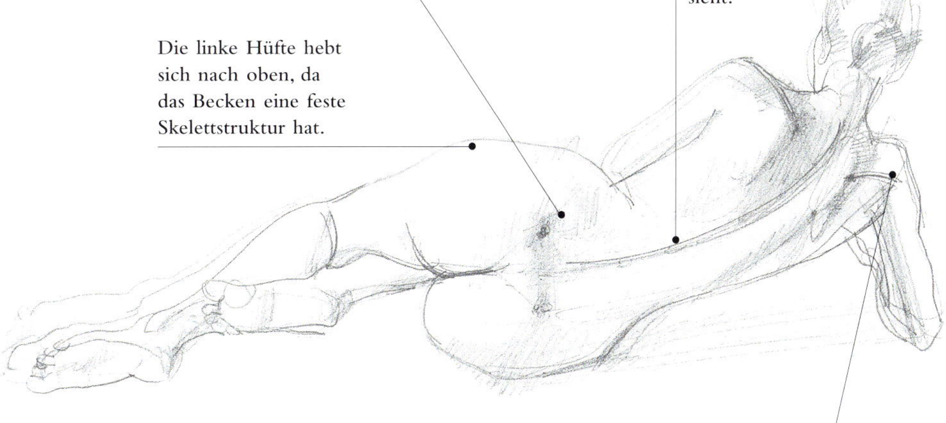

Das Skelett – Vorderansicht

Von vorne betrachtet sind die Bewegungen des Rumpfes etwas schwerer zu erkennen. Es gibt hier keine deutliche zentrale Linie, die der der Wirbelsäule entsprechen würde. Wenn man jedoch genau die Neigung der Schultern und des Beckens beobachtet, kann man auch die Stellung des Rumpfes deutlich erkennen. Die Schlüsselbeine sind meist gut sichtbar und zeigen die Neigung der Schultern an, während die beiden Darmbeinkämme an den Hüften herausstehen und die Neigung des Beckens anzeigen. Im Schema rechts sieht man, wie der Rumpf, in Reaktion auf die leichte Drehung des Beckens nach unten rechts, nach links geneigt ist.

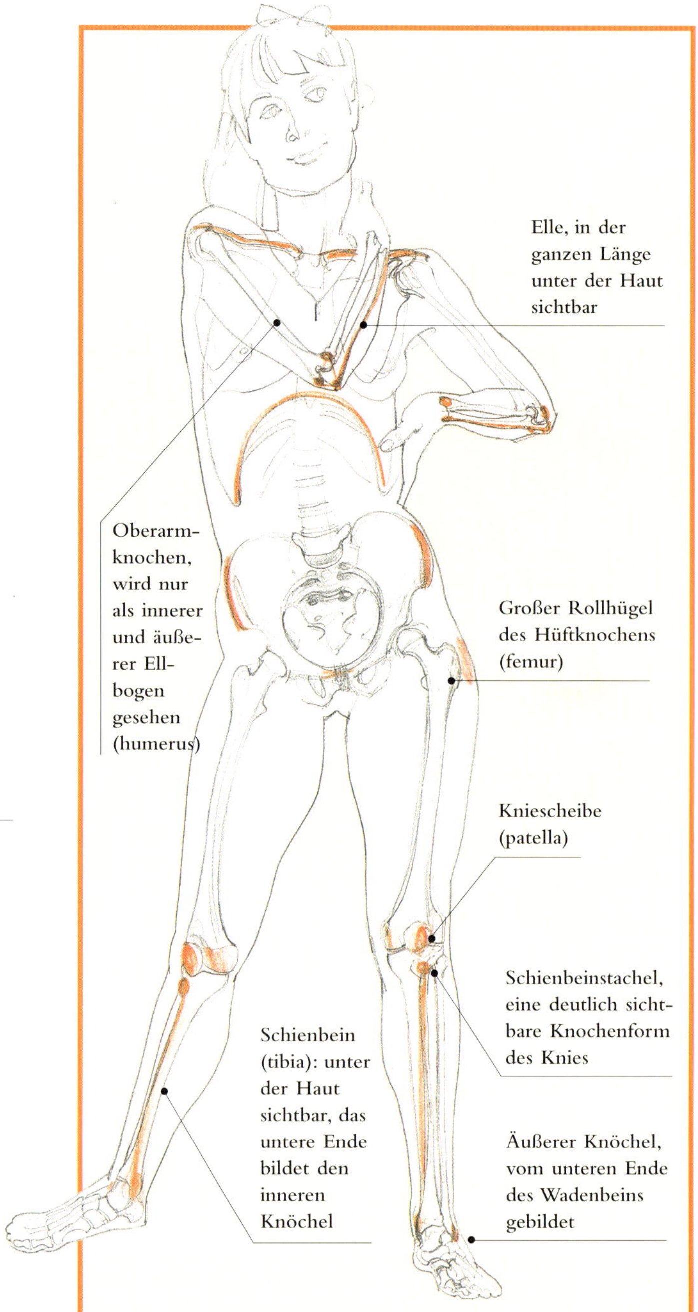

Die Knochen der Glieder
Beine und Arme sind an den Hüft- und Schultergelenken besonders beweglich. Am Ellbogen und Knie können sie nur Bewegungen in einer einzigen Richtung ausführen. Die Elle im Unterarm und das Schienbein im Unterschenkel treten am Ellbogen und am Knöchel in Erscheinung.

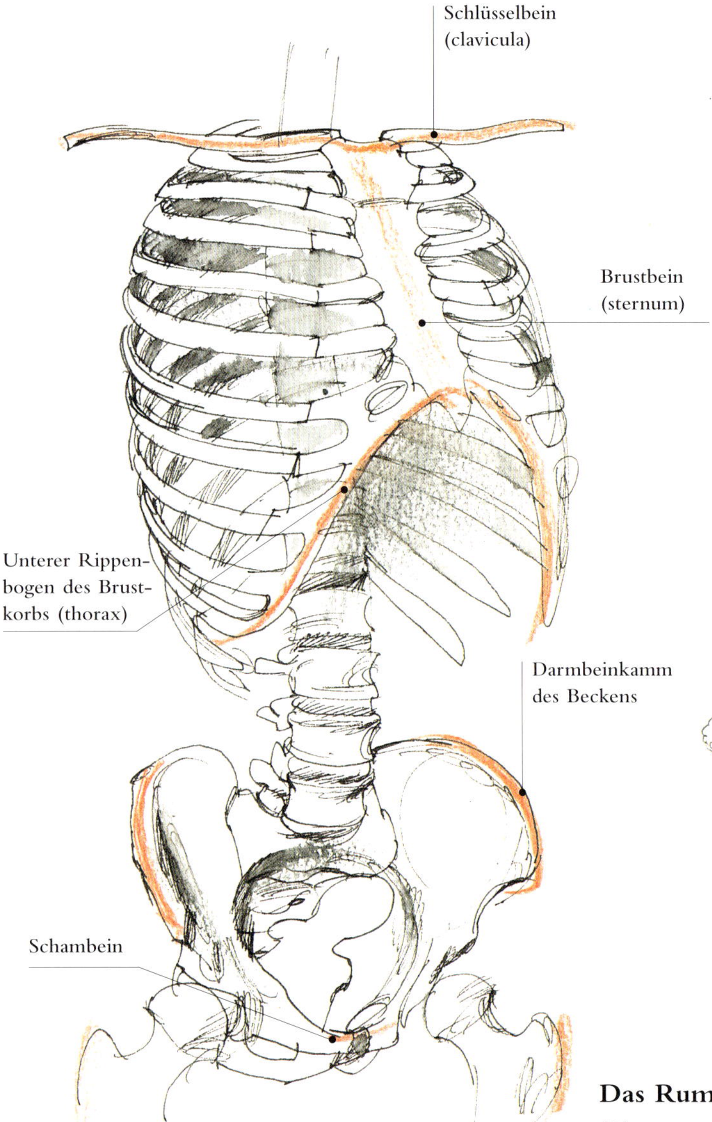

Das Rumpfskelett
Die orangenen Linien zeigen die direkt unter der Haut verlaufenden Knochen. Die Schlüsselbeine sind mit dem Brustbein verbunden, wodurch sie den Schulterbewegungen folgen können. Der untere Rippenbogen des Brustkorbes ist nur sichtbar, wenn die Lungen gefüllt sind. Die Darmbeinkämme des Beckens werden meist als Vertiefungen wahrgenommen.

Das Skelett – Seitenansicht

Bei der Frontalansicht kann die Stellung der Gliedmaßen deutlich erkannt und interpretiert werden. Schwierig wird es erst bei der Seitenansicht. Aber auch hier bieten die Stellen, wo die Knochen an der Hautoberfläche sichtbar werden, nützliche Referenzpunkte (s. Die Knochen der Glieder, links). Beachten Sie insbesondere das Heraustreten des Hüftknochens (femur), der als „Großer Rollhügel" bezeichnet wird. Die Ausbuchtung am oberen Ende des Schienbeins (tibia) wird Schienbeinstachel genannt.

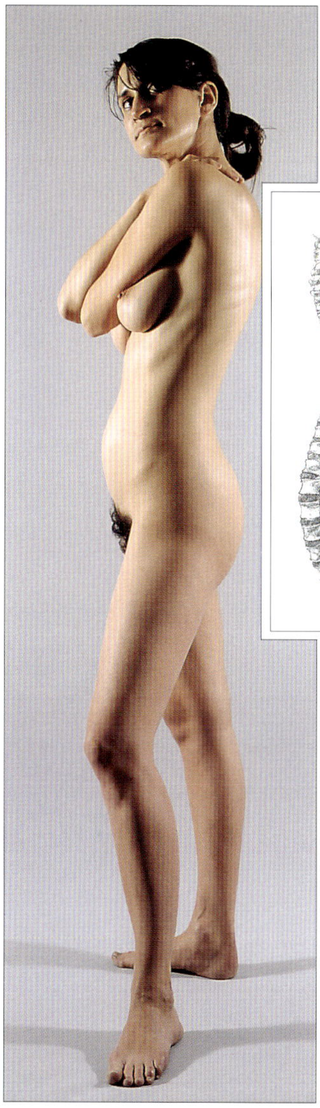

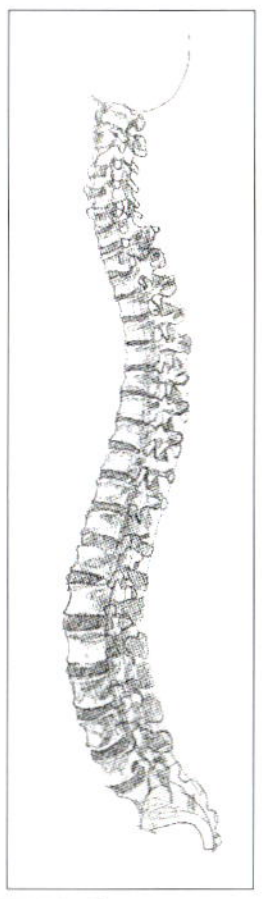

In einer normalen, aufrechten Position ist die Wirbelsäule nach vorne und nach hinten gebogen.

Der aufrechte Rücken im Profil

Die Biegungen der aufrechten Wirbelsäule sind in der Seitenansicht deutlich sichtbar. Achten Sie beim Zeichnen auf diese Biegung. Versuchen Sie auch Hinweise auf eine seitliche Verschiebung aufzunehmen. Wenn das Gewicht auf ein Bein verlagert wird, ist dieses Bein gestreckt und das andere, entspannte Bein gebeugt, wodurch auch die Neigung des Beckens angezeigt wird.

Die Biegung des Nackens geht nach vorne.

Die Rumpfbeugung zeigt eine Rückenkurve nach außen.

Die Lendenbiegung ist eine Voraussetzung für den aufrechten Gang.

Gestrecktes Bein, das das Gewicht des Körpers auf den Boden überträgt. Beachten Sie, daß der Kopf direkt darüber liegt.

Die Muskeln

Das Skelett gibt der Figur inneren Halt, die Muskeln sind jedoch hauptsächlich für die äußere, sichtbare Erscheinung verantwortlich. Versuchen Sie die wichtigsten Muskeln zu erkennen und beobachten Sie, wie sich ihre Form in verschiedenen Posen verändert.

Um eine vollständige Übersicht über die menschliche Muskulatur zu erhalten, sollte man am besten nach jungen, athletischen Modellen zeichnen. Die Muskeln sind in jungen Jahren noch gut trainiert und mit wenig Fettschicht überlagert. Seien Sie aber nicht beunruhigt, wenn ein Modell einmal nicht dem olympischen Ideal entspricht. Bei jedem von uns liegt über den Muskeln eine Fettschicht. Frauen sammeln in der Pubertät ihre Fettpolster meist an den Hüften, am Bauch und den Schenkeln. Männer wie Frauen haben das meiste Gewicht am Bauch und am Oberkörper. Außer bei wirklich korpulenten Menschen ist es aber immer noch möglich, die wichtigsten Punkte des Skeletts und die daran befestigten hauptsächlichen Muskelgruppen auszumachen.

Muskeln werden in zwei Gruppen unterteilt – in Streck- und in Beugemuskeln. Die Streckmuskeln strecken oder dehnen, während die Beugemuskeln beugen oder biegen. Ich habe die Muskelgruppe der Strecker rot und die der Beuger blau gekennzeichnet. Die Vorderseite des Rumpfes besteht hauptsächlich aus

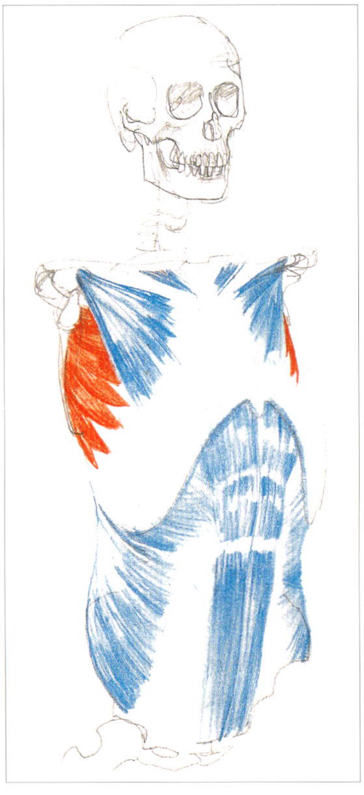

Die Bauchmuskeln
Die Bauchmuskeln sind nur bei dem sogenannten „Waschbrettbauch" stärker ausgeprägt. Sie bestehen aus zwei Muskelbändern, die das Schambein mit dem Brustkorb verbinden. Die rippenähnlichen Muskeln unter den Armbeugen, in Rot gezeichnet, sind die einzig sichtbaren Zeichen einer großen und tiefliegenden Muskelgruppe des Rückens, des rückseitigen Sägemuskels.

Die Brust- und Armmuskeln
Bei einem muskulösen Mann sind die Brustmuskeln vorne gut sichtbar. Sie gehen unter dem Schultermuskel hindurch und sind mit den Oberarmknochen verbunden. Der vordere Schultermuskel ist hier sowohl rot als auch blau gezeichnet, da er das gesamte Schultergelenk umhüllt und so mal die Strecker, mal die Beuger unterstützt.

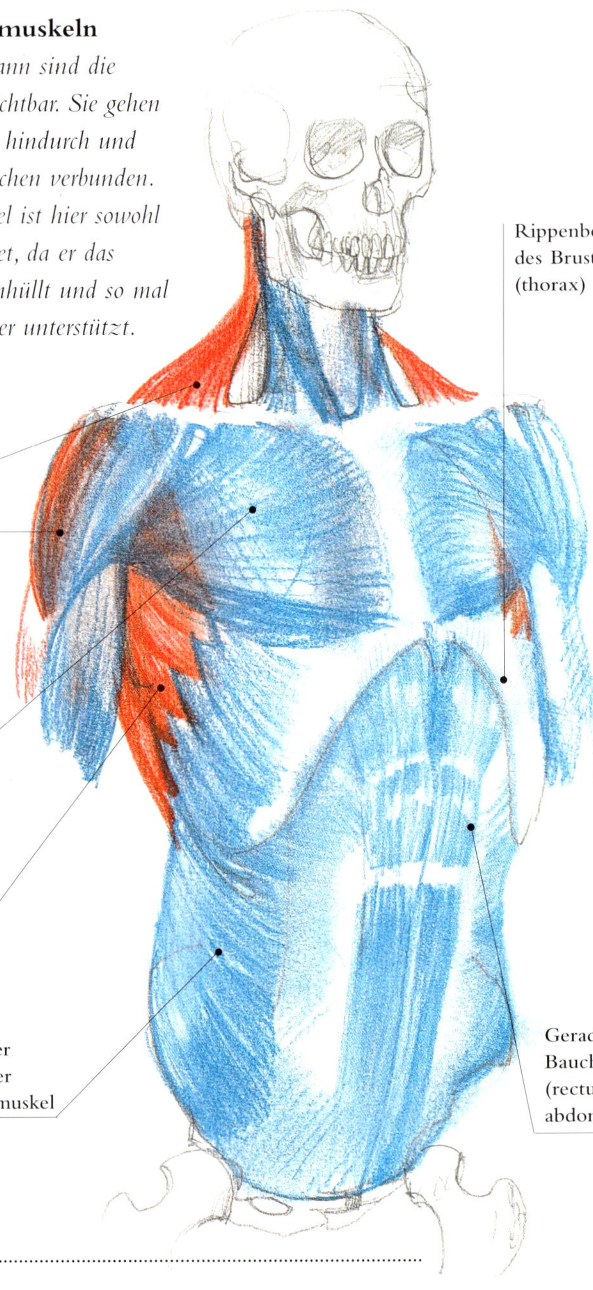

Beugern, da sie den Körper beugen sowie Schultern und Kinn nach vorne bewegen müssen. Die Muskeln des oberen Rumpfes folgen im großen und ganzen der Form des Brustkorbes. Die Form der Bauchmuskeln wird vor allem durch ihre Funktion als eine Art „Sack" bestimmt, der die Eingeweide halten muß. Die Muskulatur des Rückens ist wohl der Teil der menschlichen Anatomie, den die wenigsten verstehen. Anatomische Schemata zeigen meist nur die Umrisse dünner Muskelbänder und ähneln kaum den Formen, die man wirklich auf dem Rücken des Modells sehen kann. Um diese Formen zu verstehen, muß man etwas über die tiefere Muskelstruktur wissen. Ich habe unten die drei Schichten der Rückenmuskeln des Rumpfes hintereinander eingezeichnet, so daß man gut sehen kann, wie sich die unteren Muskelschichten auf die oberen auswirken. Sie können das zur Übung einmal probieren, wobei Sie entweder die ersten Linien ausradieren oder mit stärkerem Duktus überzeichnen können.

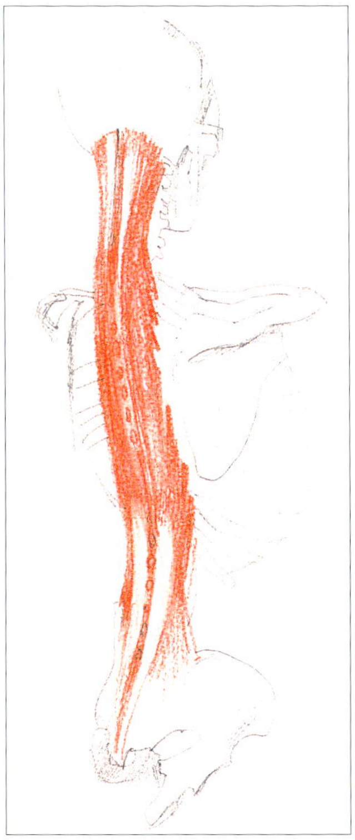

Die tiefliegenden Rückenmuskeln

Die am tiefsten liegenden Rückenmuskeln heißen Rückenstrecker. Diese zahlreichen und kompliziert verstrebten Muskeln bilden im Grunde zwei dicke Muskelstränge, die wie Takelwerk die Wirbelsäule aufrecht halten. Sie definieren die Form des Rückens, obwohl noch einige flachere Muskelgruppen darüberliegen.

Die mittlere Muskelschicht

Diese Muskeln bestehen meist aus sehr dünnen Bändern, die an der Oberfläche kaum zu sehen sind. Die Muskeln über den Schulterblättern können jedoch so rundlich sein, daß die Schultergräten als Vertiefungen sichtbar werden. Bei muskulösen Modellen erscheinen die an der Oberfläche liegenden Knochen meist als Vertiefungen.

Die Oberflächenmuskeln

Diese wichtige Muskelgruppe ist für die charakteristische V-Form des Rückens verantwortlich. Die weißen Stellen stellen Sehnen dar, Muskelteile, die sich nicht zusammenziehen. Sehnen sind zwar sehr stark, haben aber wenig Masse. Sie bestehen aus dünnen Bändern oder Schnüren. Eine diamantartige Form entsteht aufgrund der Sehnen am Nackenende.

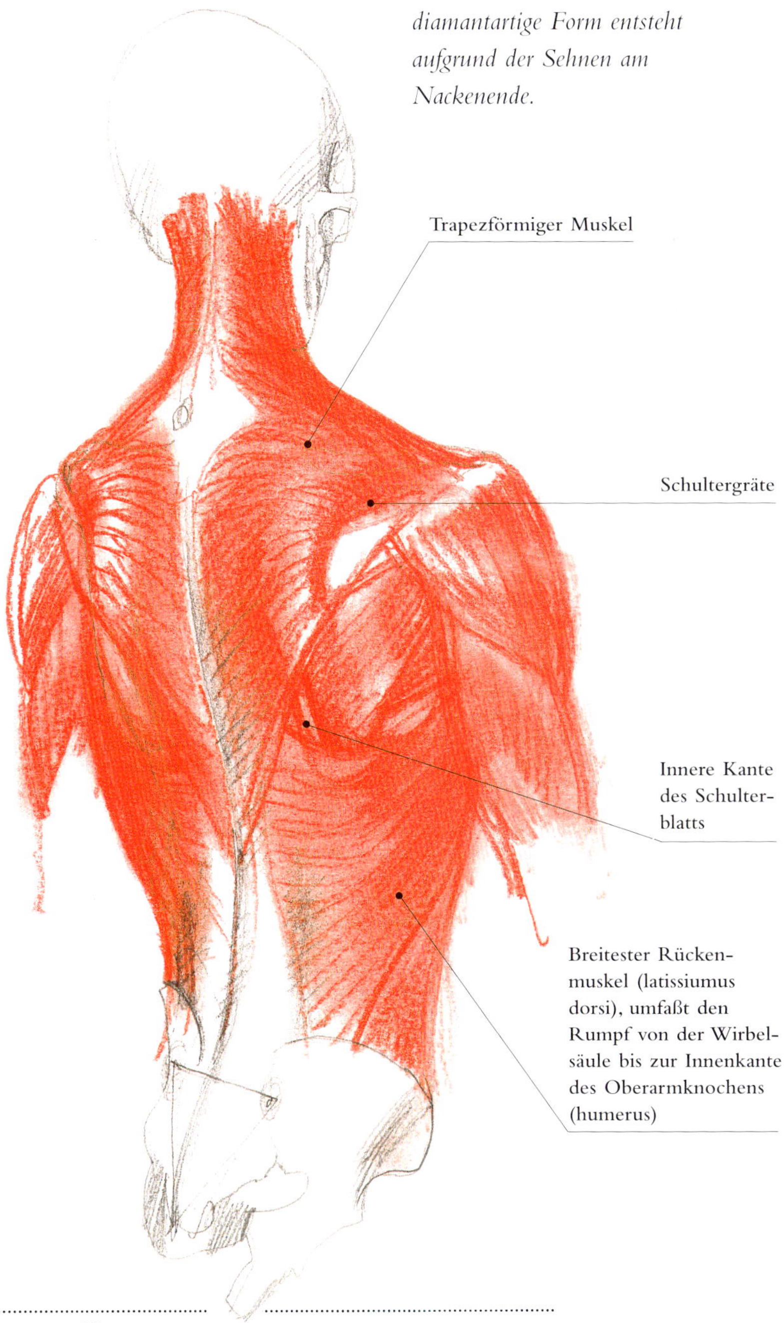

ARM- UND BEINMUSKELN

DIE MUSKELN DER GLIEDMASSEN arbeiten wie Kabel. Sie sind an den Knochen in kurzer Distanz zum Drehpunkt jedes Gelenks befestigt. Wenn sie einen Impuls erhalten, ziehen sie sich zusammen, so daß das Glied entweder gebeugt oder gestreckt wird. Die Muskeln, die das Bein oder den Arm beugen, heißen wie im Rumpf Beuger (blau gezeichnet), während die, die für eine gestreckte Haltung der Glieder verantwortlich sind, Strecker (rot gezeichnet) genannt werden.

Diese Gruppen arbeiten zusammen und ergänzen sich gegenseitig. Wenn zum Beispiel der Bizeps des Arms gebeugt wird, um ein Gewicht zu heben, arbeitet auch der Trizeps etwas mit, um der ausgeführten Bewegung mehr Weichheit und Kontrolle zu geben. Wenn ein Arm gehoben wird oder ein Gewicht trägt, erscheint die gesamte Muskulatur gespannter und deutlicher als im Ruhezustand. Versuchen Sie die wichtigsten Muskeln zu erkennen und zu verstehen, wie sich ihre Form in verschiedenen Positionen ändert.

Die Gliedermuskeln beugen und strecken aber nicht nur, sondern führen auch rotierende Bewegungen aus. Diese Bewegungen sind zwar deutlich zu sehen, die muskuläre Anstrengung ist aber zu schwach, um an der Oberfläche wirksam zu werden. Denken Sie daran, daß die Form der Körperoberfläche nicht nur von der Muskulatur abhängt. Alle Menschen haben (unterschiedlich stark ausgeprägte) Fettablagerungen. Allerdings ist es auch bei korpulenten Körpern möglich, die Skelettstruktur an den Vertiefungen und Senken abzulesen (s. Das Skelett, S. 60–63).

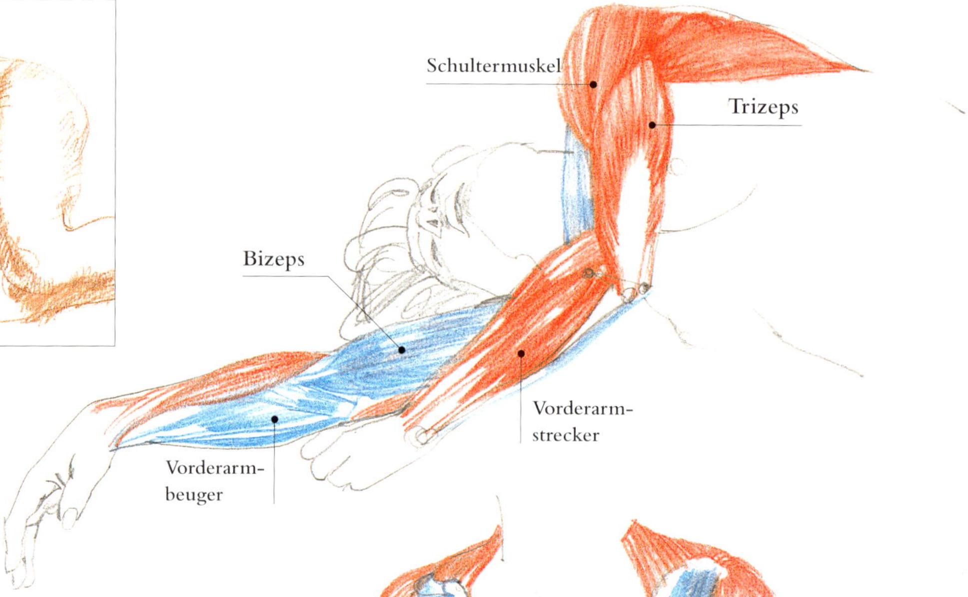

Ruhende Arme
Hier sind beide Arme entspannt und inaktiv, so daß ihre Form rund und schlaff wirkt. Der rechte Arm zeigt die Innenfläche, vor allem aus Beugern bestehend, während man am linken Arm die Rückenansicht der Streckermuskeln sehen kann.

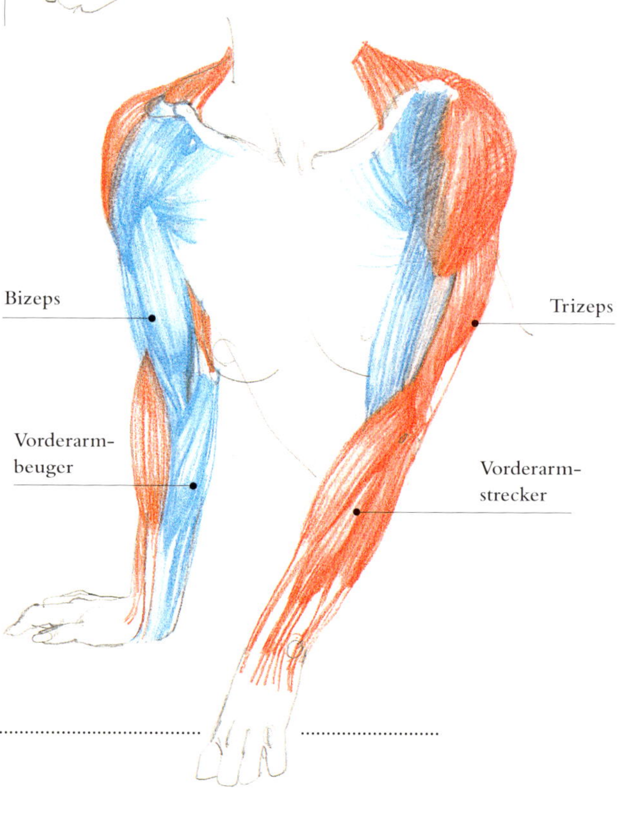

Angespannte Arme
In dieser Pose sind beide Arme aktiv. Der rechte Arm des Modells ist gerade gestreckt und stützt den Körper ab. Beachten Sie die stark ausgeprägten Muskeln und den leichten Winkel zwischen Ober- und Unterarm, der für diese Pose typisch ist.

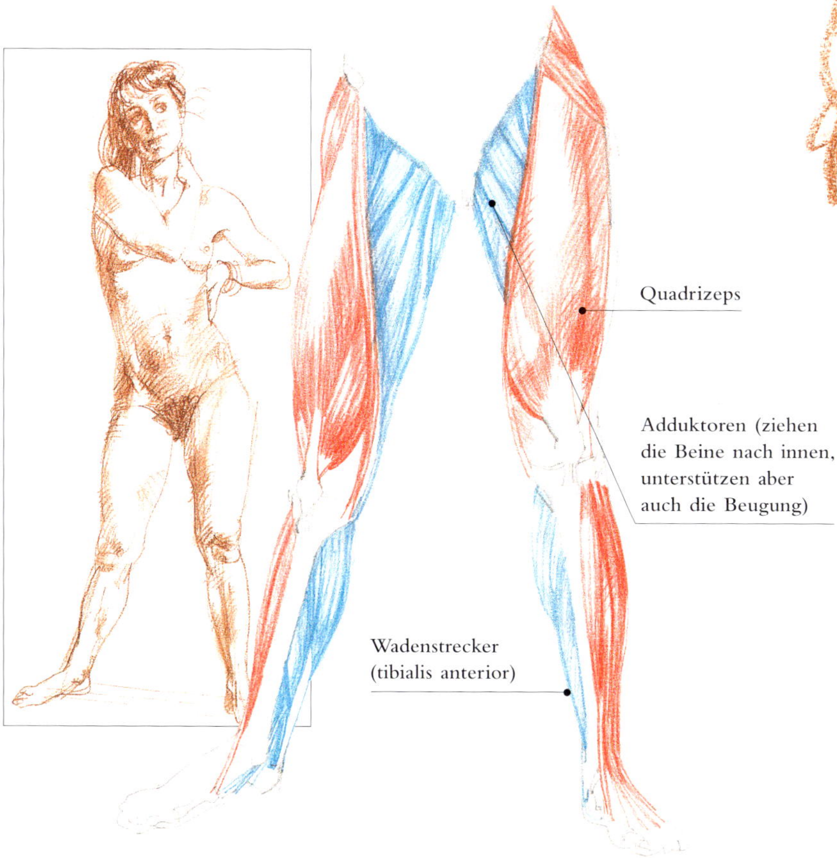

Vordere Beinmuskeln

Die Streckmuskeln der Hüfte verbinden das Becken über die Kniescheibe mit dem Schienbein (tibia). Sie bilden eine sehr kräftige Muskelgruppe, die das Gesamtgewicht des Körpers in die Höhe befördern kann und besonders deutlich zu sehen ist, wenn das Bein fest in den Boden gestemmt ist.

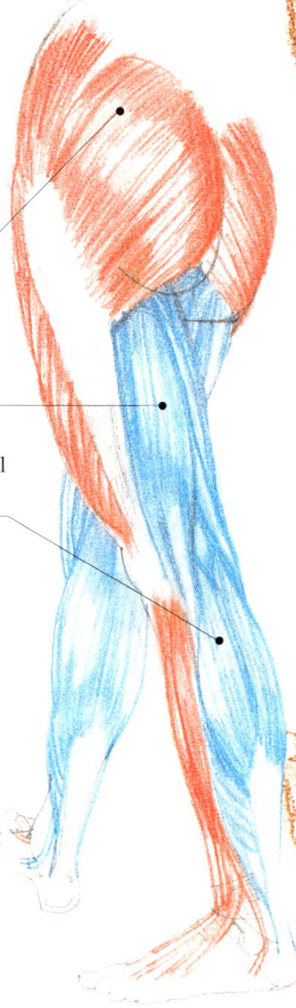

Hintere Beinmuskeln

Die Schenkelbeuger gehen von den Gesäßmuskeln aus und sind am Unterschenkel mit kräftigen Sehnen (Kniesehnen) verbunden. Um einen Zeh zu bewegen, zieht der Wadenmuskel an der Achillessehne, die am Fersenknochen befestigt ist. Wenn das Bein ganz ausgestreckt ist, sind die festen Sehnen an der Rückseite des Knies und des Knöchels deutlich sichtbar.

DER KOPF

Das Studium des Schädels, der als Knochenstruktur das Aussehen von Kopf und Gesicht bestimmt, ist für den Figurenkünstler am wichtigsten.

WAS MACHT EIN bestimmtes Gesicht so einmalig? Die Antwort liegt zum großen Teil in der Struktur des Schädels. Im Unterschied zu anderen Knochen des Körpers ist der Schädel nicht von einer großen Anzahl von Muskeln oder viel Gewebe bedeckt. Die Form des Kopfes und des Gesichts folgt also ganz eng der Schädelform. Diese Verbindung ist so stark, daß Experten der Anatomie aus einem Schädel unbekannter Herkunft die ursprünglichen Gesichtszüge der Person ablesen können.

Der Schädel besteht aus 22 Knochen, von denen acht den eiförmigen Hirnschädel bilden, der das Gehirn umschließt (s. Zeichnungen unten). Die anderen 14 Knochen formen das Gesicht und den Kiefer. Diese 22 Knochen sind allen Menschen, egal welcher Rasse, gemeinsam. Form und Größe variieren jedoch leicht und geben jedem Menschen sein unverwechselbares Aussehen.

Mit Ausnahme des beweglichen Unterkiefers haben alle Schädelknochen eines Erwachsenen eine fest verbundene Struktur. In der Kindheit sind die Knochen an den Kranznähten noch weich und wachsen weiter. Nach einigen wenigen Jahren sind diese Nähte zusammengewachsen, obwohl die restlichen Knochen des Körpers bis zur Adoleszenz weiterwachsen. Daher sind die Schädel von Kindern im Verhältnis zum Körper viel größer als bei Erwachsenen (s. Proportionen, S. 58-59).

MATERIAL

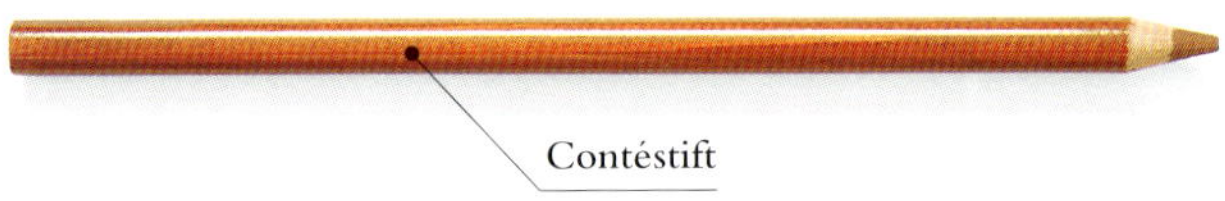

1 *Die größte Form ist der Hirnschädel, der von der Seite betrachtet fast symmetrisch oval ist. Der bewegliche Unterkiefer bildet mit dem eingehängten Oberkiefer ein ungleichmäßiges Rechteck.*

2 *Ich habe nun die Augenhöhlen hinzugefügt und mit dem Jochbein, das sich von der Augenhöhle zum Ohr erstreckt, sowie mit dem Schläfenbein begonnen, das ein leicht vertieftes Oval innerhalb des Hirnschädels ist.*

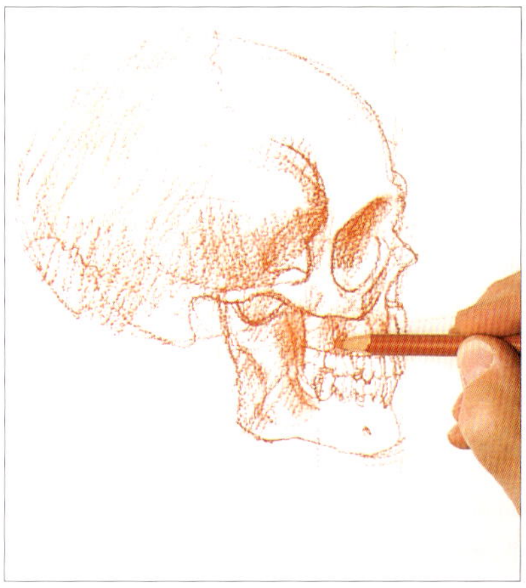

3 *Nachdem der Hirnschädel mit Schraffuren und mit dem Finger leicht modelliert worden war, setzte ich den Oberkiefer hinzu, einen Teil des Gesichtsschädels. Der Unterkiefer stellt einen ganz selbständigen Knochen dar, der am Jochbein eingehängt ist.*

Die fertige Zeichnung
Die Profilansicht dieses Schädels ist sehr gerade und aufrecht. Falls Sie Zugriff auf einen echten Schädel haben, werden Sie viele feine Unterschiede feststellen können. Beachten Sie auch, wie groß der Hirnschädel ohne Haare wirkt.

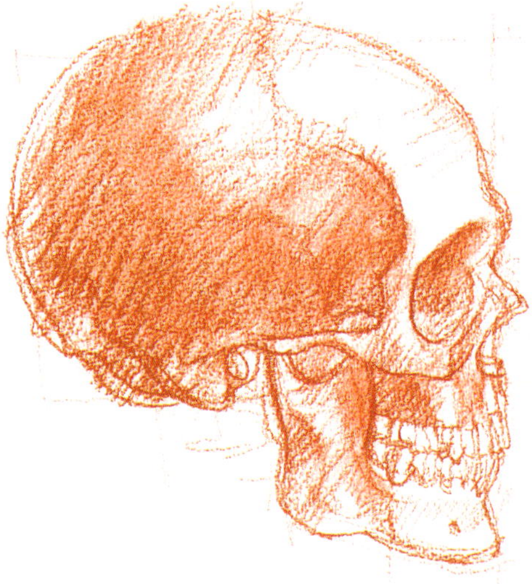

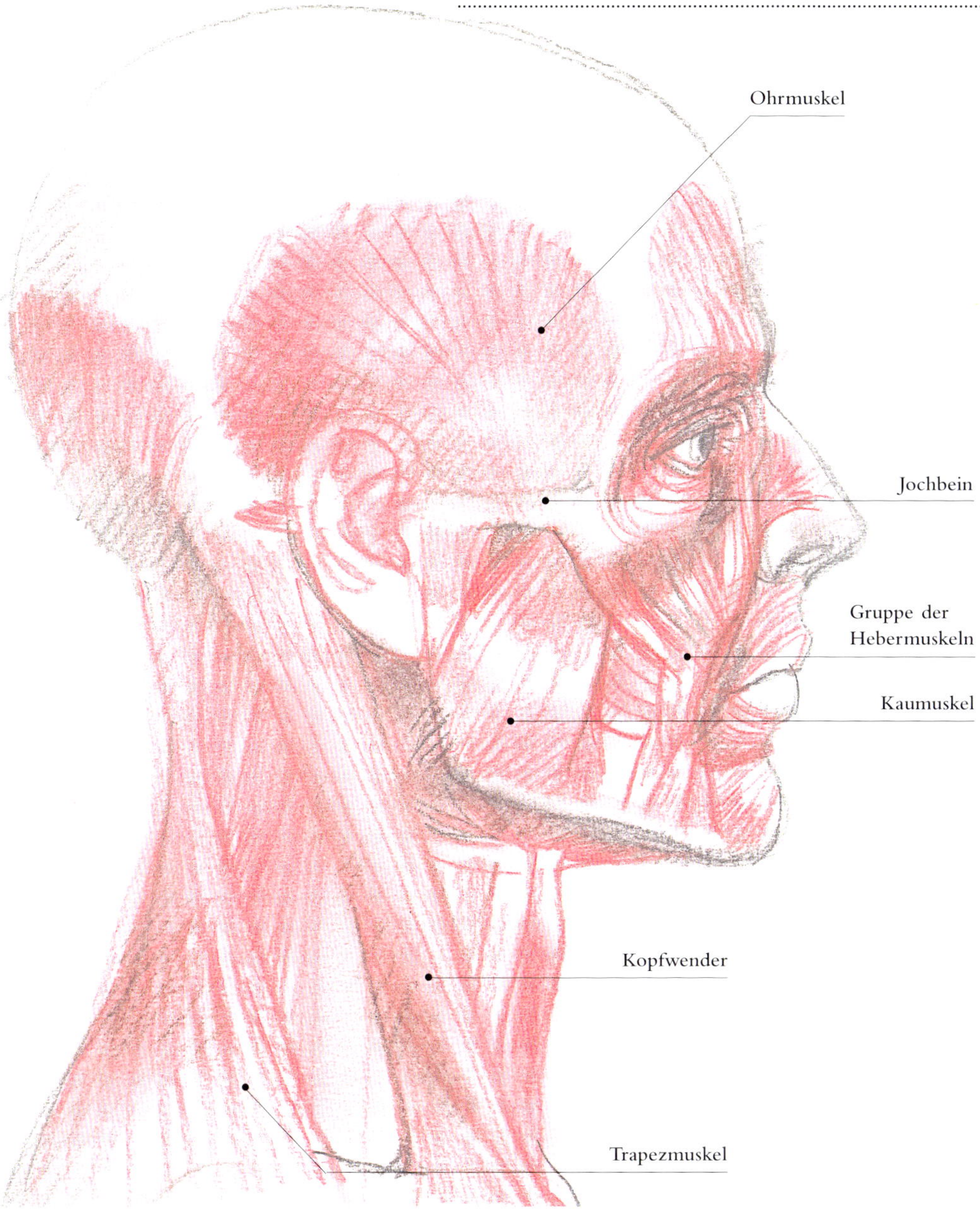

Die Muskeln des Kopfes

An bestimmten Stellen des Kopfes sind die Muskeln für das Aussehen relevanter als die Schädelstruktur. Der Ohrmuskel formt die Seite des Kopfes, während der Kaumuskel und in geringerem Maße die Hebermuskeln das Gesicht unterhalb des Jochbeins formen. Im Nacken kann man die Muskeln identifizieren, die den Kopf aufrecht halten, den Trapezmuskel und die oberen Fasern der Muskelgruppe für die Wirbelsäule (s. S. 65). Die deutlichste Form zeigt der Kopfwender, der die Basis des Schädels mit dem inneren Ende jedes Schlüsselbeins verbindet. Er ist besonders deutlich zu sehen, wenn der Kopf zur Seite gewendet ist.

Den Blickpunkt wechseln

Betrachtet man den Schädel unter verschiedenen Blickwinkeln, sieht man, daß das Gesicht einen sehr kleinen Teil einnimmt. Die Gesichtszüge sind beim lebenden Menschen so wichtig, daß wir die wirkliche Größe des Gesichts überschätzen und uns den Schädel zu klein vorstellen.

Dreiviertel-Ansicht

Diese Ansicht des Schädels zeigt die relative Flachheit des Gesichtsfeldes und die scharfe Kante zwischen Gesichtsschädel und Schädelseite.

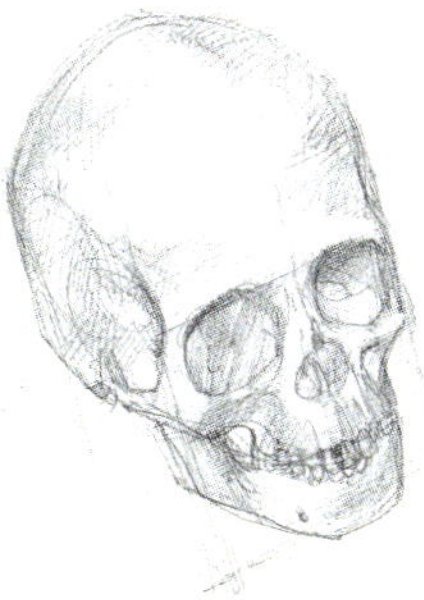

Hohe Dreiviertel-Ansicht

Ein höherer Blickwinkel auf den Schädel macht das Gesichtsfeld sehr klein. Das Jochbein wird zu dem Teil des Schädels, der am meisten hervorsticht.

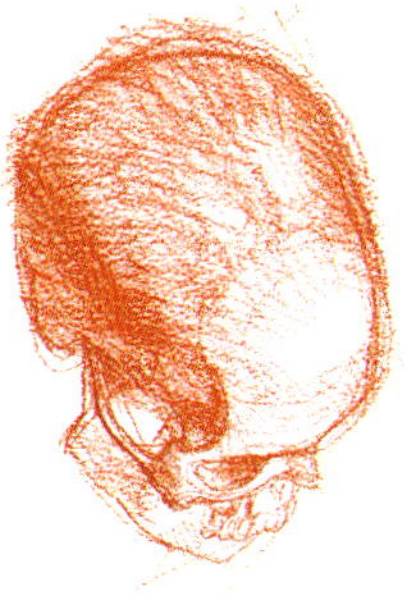

Die Aufsicht

Die eiförmige Form des Hirnschädels, die sich vorne verjüngt, ist von oben am deutlichsten erkennbar. Die Überaugenbogen und Jochbeine erweitern das Gesichtsfeld und bilden einen Sockel für die weit auseinander gestellten Augen.

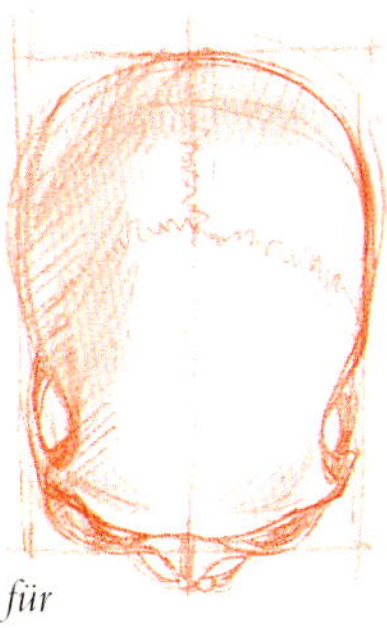

Die Gesichtszüge

Die Form des Gesichts wird vor allem durch die Schädelstruktur geprägt. Diese Struktur tritt deutlich an den Jochbeinen, dem Kiefer und dem Nasenrücken hervor. Sie dominiert die Form der Stirn und der Brauenbögen und deren Relation zum Gesichtsfeld. Die Schädelstruktur bestimmt aber auch, inwieweit die Mundregion hervortritt und das Kinn vorspringt bzw. flieht und legt die Lage und Form der Gesichtszüge fest. Man muß vor allem festhalten, daß die individuellen Unterschiede der Gesichtszüge weniger durch die Form, zum Beispiel der Nase, als durch die Abstände zwischen den einzelnen Teilen des Gesichts bestimmt werden, zum Beispiel durch die Lage des Mundes in Relation zur Augenstellung. Die Schädelstruktur erlaubt natürlich unzählige Variationen der fleischigen Teile von Nase und Mund, der Größe und Form der Augen und Augenlider usw. Aber diese Faktoren sind weniger bedeutsam als die grundlegende Knochenstruktur.

Die Proportionen des Gesichts

Um die wichtigsten Proportionen des Kopfes und des Gesichts zu demonstrieren, habe ich ein achtteiliges Raster über zwei Zeichnungen eines „normalen" Schädels gelegt.

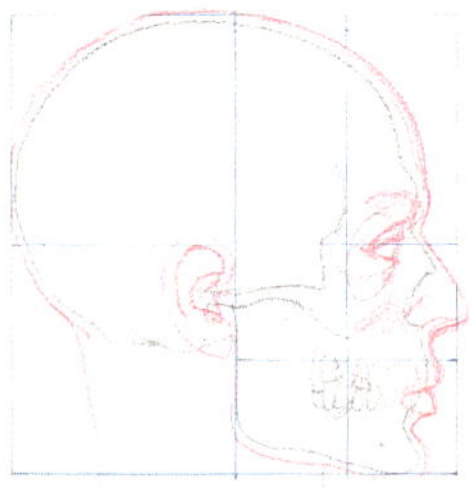

Seitenansicht
Das Gesichtsfeld ist im Vergleich zum Schädel ziemlich klein. Es umfaßt nur etwa ein Achtel des Rasters.

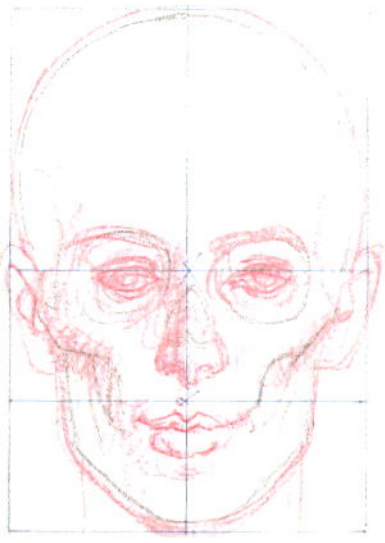

Frontalansicht
Die Augen liegen ungefähr in der Hälfte des Gesichts, während der Mund etwas unterhalb eines Viertels des Rasters liegt.

Material

2B-Bleistift

Ölstift

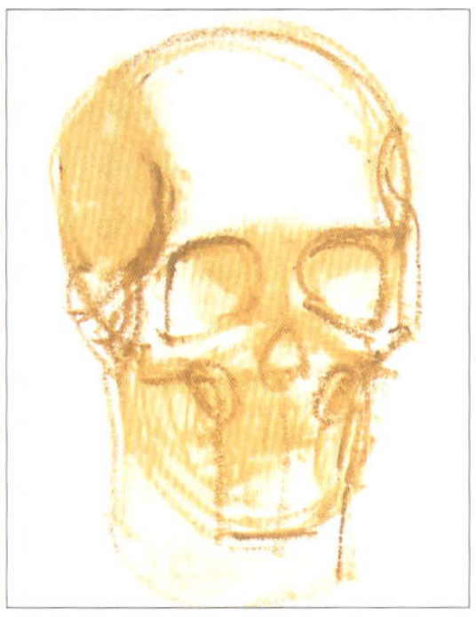

1 *Mit Bleistift skizzierte ich die Proportionen des Schädels vor und übermalte sie dann mit einem Ölstift. Zuerst setzte ich die Umrisse ein und legte dann durch Verwischen mit dem Finger die wichtigsten Tonwertflächen fest.*

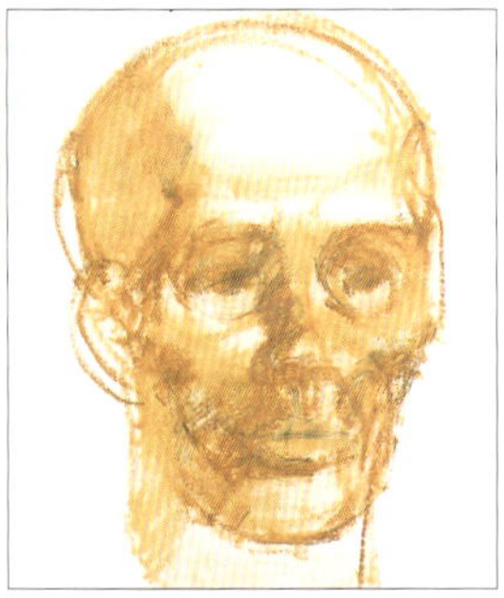

2 *Aus der Lage der Augensockel und der Jochbeine rekonstruierte ich die Augen und die übrigen Gesichtszüge.*

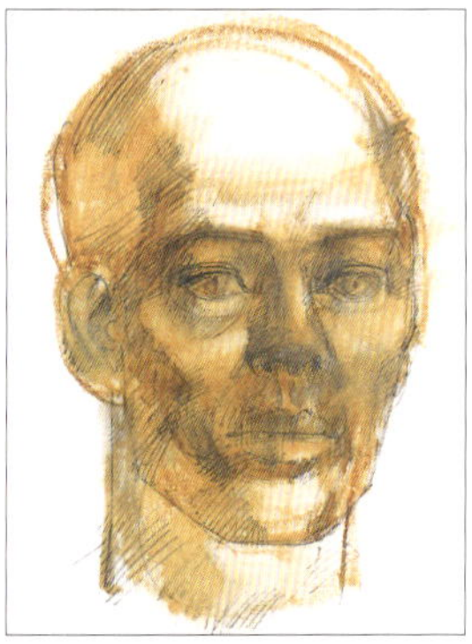

3 *Die Beißlinie der Zähne deutet die Lage der Lippen an. Aus den langsam auftauchenden Gesichtszügen entnahm ich dann, daß die Nasenflügel ziemlich breit gewesen sein müssen.*

Die fertige Zeichnung
Diese Rekonstruktion ist nur eine mögliche Interpretation des zugrundeliegenden Schädels. Wichtig ist, daß alle auf diesem Schädel rekonstruierten Gesichter eine grundlegende Ähnlichkeit haben, selbst wenn die einzelnen Gesichtszüge sehr unterschiedlich ausfallen können.

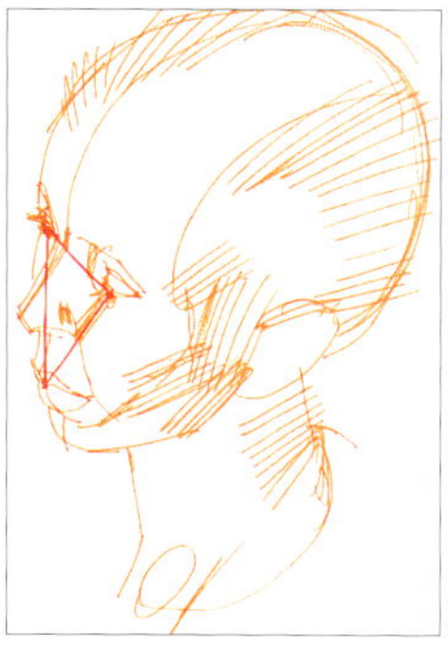

Hoher Blickpunkt

Bei diesem Bild mit hochliegendem Betrachterstandort wurde die obere Seite des umgekehrten Dreiecks deutlich gedreht und zeigt, wie sich die Augenlinie verändert hat. Beachten Sie, daß die dem Betrachter näherliegende Seite des Dreiecks ungefähr parallel zur imaginären Linie verläuft, die den Übergang von der vorderen zur seitlichen Gesichtsfläche markiert. Das trifft immer zu, egal welchen Blickwinkel oder welche Pose man gewählt hat.

Das Gesichtsdreieck

Eine sehr nützliche Hilfe, um die Proportionen des Gesichts nachvollziehen zu können, ist dieses Konstruktionsdreieck. Es entsteht, wenn man die Pupillen der Augen mit der Mitte des Mundes verbindet. Das ist nicht nur hilfreich bei der Bestimmung der Lage der einzelnen Gesichtszüge, sondern es erlaubt auch die Ausrichtung des gesamten Kopfes gemäß dem jeweils gewählten Blickwinkel des Künstlers. Kleines Bild: Das Gesichtsdreieck erfordert eine normale Augenhöhe, wobei die Mundfläche etwas vor der Augenfläche liegt.

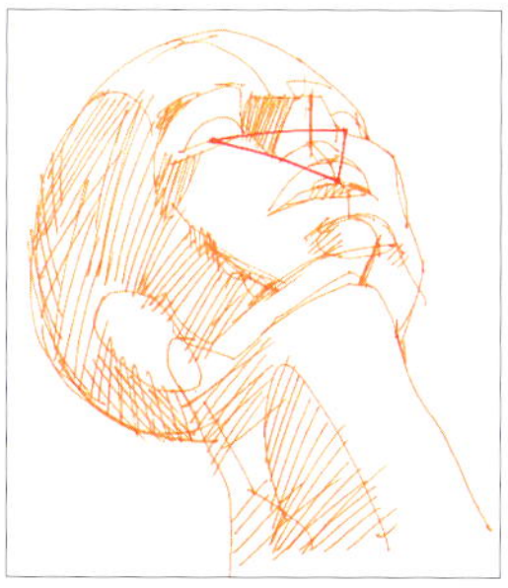

Niedriger Blickwinkel

Die Augenlinie ist in dieser Pose mit zurückliegendem Kopf wieder horizontal, die anderen Seiten des Dreiecks sind aber viel kürzer und bilden ein „gestauchtes“ Dreieck.

Praktische Übung

Bei diesen beiden Gesichtsstudien verwendete ich das Gesichtsdreieck von S. 71. Das ist besonders hilfreich, wenn man in einem bestimmten Winkel zum Modell sitzt oder wenn der Kopf nicht in Augenhöhe liegt. Ich wählte für beide Modelle eine Dreiviertel-Ansicht mit leicht geneigtem Kopf.

Material

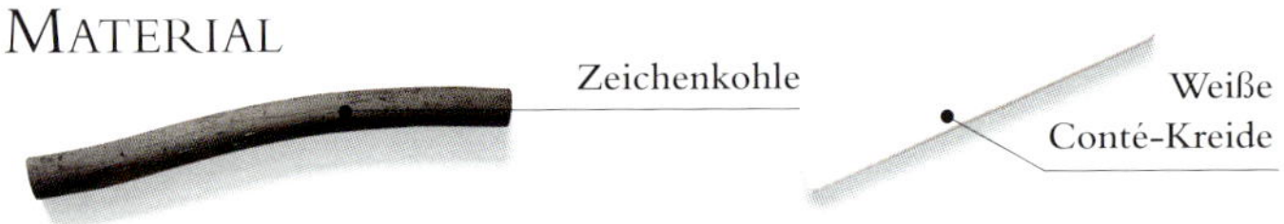

Für diese Übung empfehle ich Kohle, bei der man die Konstruktionslinien des Dreiecks leicht wieder wegwischen kann. In der zweiten Übung habe ich Gouache verwendet, wie man auf der gegenüberliegenden Seite sieht. Unter den deckenden Farbschichten lassen sich die Linien des Dreiecks leicht übermalen. Zur besseren Kennzeichnung bei diesen Übungen habe ich das Dreieck sehr markant eingezeichnet. Es genügen aber auch kleine Punkte oder kurze Striche.

Zur Pose
Durch die Beleuchtung lassen sich die frontalen und seitlichen Flächen des Kopfes gut unterscheiden. Obwohl das Gesicht zum Teil im Schatten liegt, konnte ich noch genügend Details der Gesichtszüge erkennen.

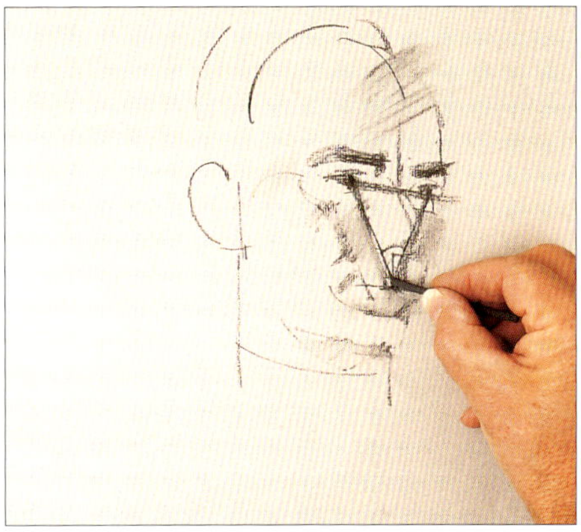

1 *Ich zeichnete das Dreieck ausgehend von den beiden Pupillen zum dritten Punkt in der Mitte der Lippen. Die Oberkante des Dreiecks neigt sich rechts leicht zur Seite und gibt damit die Drehung des Kopfes an.*

2 *Überprüfen Sie das Dreieck noch einmal, wenn die Tonwerte eingesetzt werden. Vergleichen Sie besonders die Oberseite, die den Abstand zwischen den Augen wiedergibt, mit den beiden Seiten, die den Abstand der Augen zum Mund markieren.*

3 *Die Lichthöhungen auf den Wangen und der Stirn habe ich mit weißer Conté-Kreide eingesetzt, die auf dem getönten Karton besonders gut zur Geltung kommen. Setzen Sie Weiß aber nur in Maßen ein und arbeiten Sie stufenweise bis zu den hellsten Lichtern.*

Die fertige Zeichnung
Um die Dramatik des Lichteinfalls zu verstärken, habe ich den Pullover mit kräftigen schwarzen Strichen wiedergegeben und den Hintergrund mit Kohle verwischt. Das Dreieck half mir bei der Wiedergabe der leichten Drehung des Kopfes nach links unten.

Praktische Übung

Material

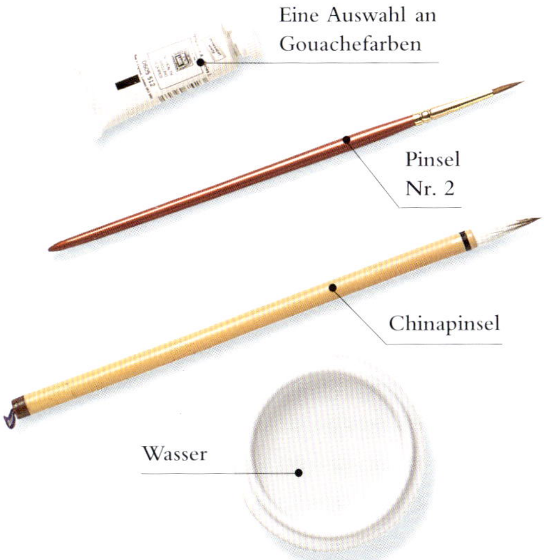

Zur Pose
Dieses Mal habe ich das Modell frontal beleuchtet und Gouachefarben in warmen und kalten Tönen sowie Lampenschwarz und Weiß verwendet.

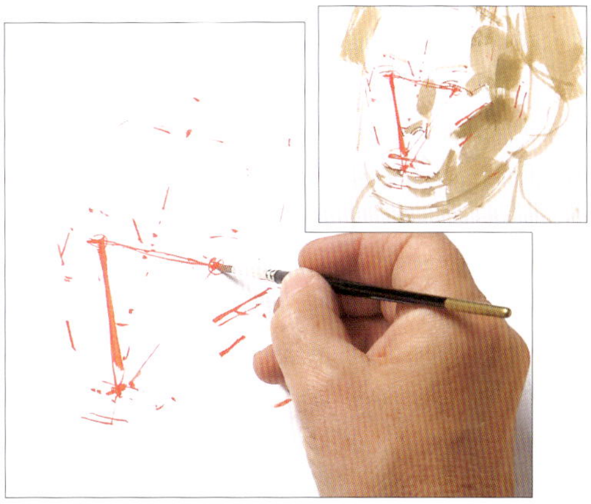

1 *Das Dreieck zeichnete ich in kräftigem Rot ein und setzte zusätzlich Markierungen für die Gesichtszüge.* Kleines Bild: *Das Gesicht wurde mit Siena natur und etwas Schwarz und Umbra natur modelliert.*

2 *Tragen Sie sorgfältig die unteren Augenlider ein, die dem Schwung der Augen folgen. Dann malen Sie die Stirn und die Wangenflächen mit Deckfarben aus. Diese Flächen bilden ein weiteres Dreieck, das das innere Dreieck widerspiegelt.*

3 *Das Gesicht wurde mit Gouache weiter modelliert. Ganz links habe ich einen wärmeren Ton gesetzt, um die Drehung ins Licht zu zeigen. Kleines Bild: Die Schatten unterhalb der Augenbrauen wurden mit kühleren Farbtönen gemalt.*

Die fertige Zeichnung
Die Konstruktionslinien verschwinden nun fast vollständig unter den deckenden Farbtönen. Der Sinn der Übung lag darin, ein Gesicht über ein geometrisches Hilfsgerüst zu modellieren.

HÄNDE & FÜSSE

Hände und Füße sind bekanntlich schwer zu zeichnen. Doch bei genauer Beobachtung, mit ein wenig Verständnis für die Anatomie und etwas Übung sollten sie genauso wenig Probleme machen wie andere Körperteile.

HÄNDE SIND BESONDERS ausdrucksstarke Teile des Körpers. In vielen Porträts sind einfache Gesten mit der Hand genauso wichtig wie das Gesicht, um Stimmung und Charakter der dargestellten Person zu vermitteln. Es ist darum notwendig, Hände möglichst genau wiederzugeben. Um dabei erfolgreich zu sein, sollte man die Handfläche und die Finger als eine einheitliche Form begreifen. Häufig ist man versucht, jeden Finger einzeln zu zeichnen. Doch die Finger liegen meist eng beieinander, und selbst wenn sie nicht zusammenliegen, sollte man versuchen, Hand und Finger als Gesamtform zu betrachten. Erst nachdem man die Gesamtform erfaßt hat, kann man die einzelnen Finger herausarbeiten. Wenn man einen Gegenstand mit der Hand umfaßt, werden Volumen und Gestalt des Gegenstandes durch die Form der Hand widergespiegelt. Das gilt auch, wenn eine Hand nur auf einem Gegenstand aufliegt. Wenn zwei Hände übereinanderliegen, folgt die obere Hand der Form der unteren.

Füße sind anders gebaut und haben vollkommen andere Funktionen. Versuchen Sie aber auch die Füße als Gesamtform zu erfassen und kümmern Sie sich erst danach um Details. Beachten Sie besonders den elastischen Bogen zwischen Zehen und Ferse sowie die schräge Fläche des Spanns. An einem nassen Fußabdruck kann man genau sehen, wo der Fuß den Boden berührt hat. Versuchen Sie sich einen solchen Fußabdruck beim Zeichnen vorzustellen, damit der gleiche Bodenkontakt deutlich wird.

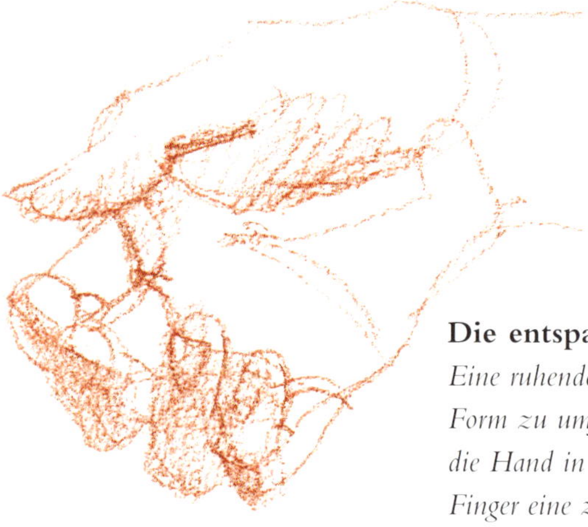

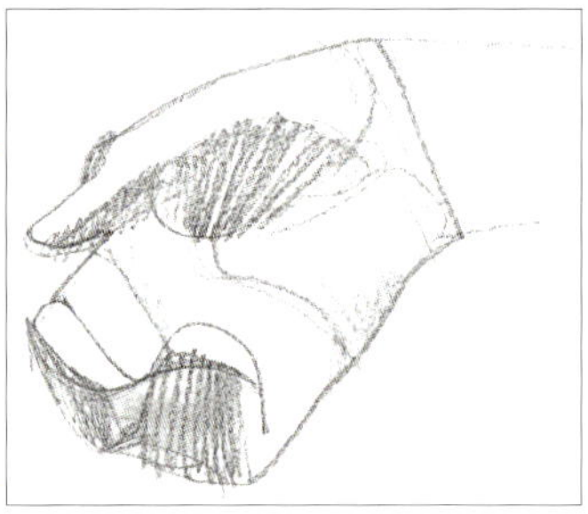

Die entspannte Hand
Eine ruhende Hand scheint eine hohle Form zu umfassen. Stellen Sie sich ruhig die Hand in Fäustlingen vor, so daß die Finger eine zusammenhängende Form gegenüber der erhobenen Form des Daumenballens bilden.

Umfassende Hände
Dieses Beispiel zeigt deutlich, wie sich die Hände einem Gegenstand, den sie halten, anpassen. Eine Hand nimmt die Form des gehaltenen Gegenstandes an, selbst wenn sie nur auf ihm ruht.

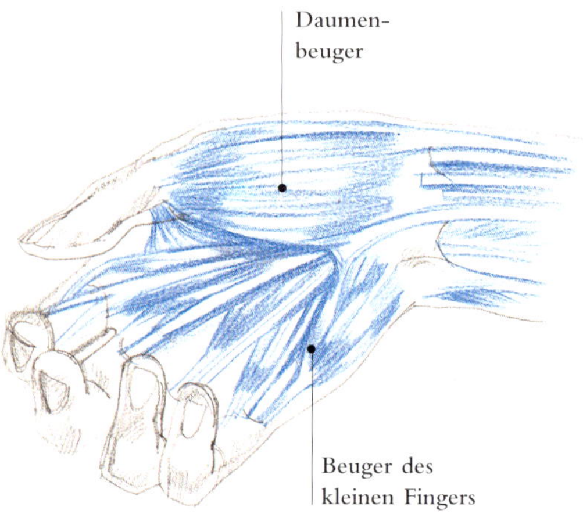

Anatomie
Die Hand ist nicht einfach eine Schaufel mit einer Reihe von Fingern, sondern stellt eine komplexe Struktur dar, hauptsächlich aus Knochen und Sehnen, von denen die meisten an der Oberfläche der Haut gesehen werden können. Die beiden größten Muskeln sind der Daumenbeuger und der Beuger des kleinen Fingers.

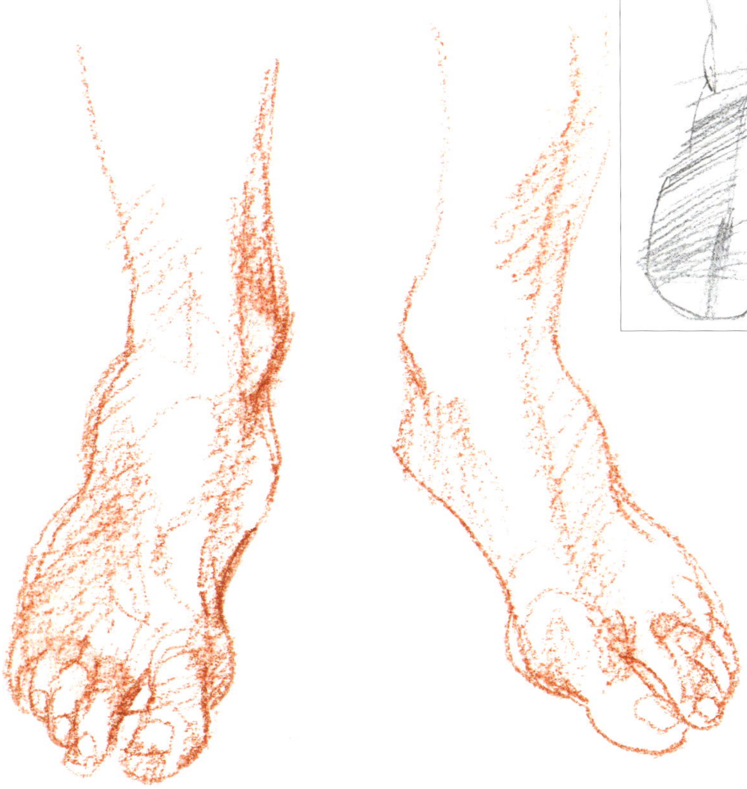

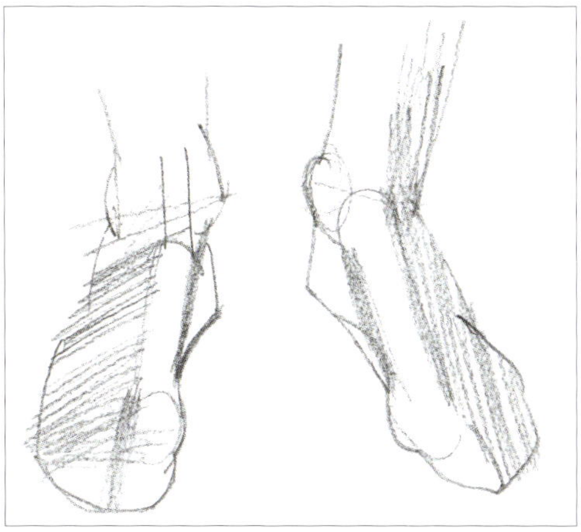

Oberseite des Fußes

Die Zeichnung links zeigt, wie die Form des Fußes von der Fläche bestimmt ist, die nach links bzw. rechts vom Rist (oder Spann) zum Fersenrand abfällt, wie die Schattierung deutlich macht. Der Kamm des Rists läuft in der kräftigen Form der großen Zehe aus. Die anderen vier Zehen schließen diese Fläche ab. Der innere Knöchel liegt höher als der äußere.

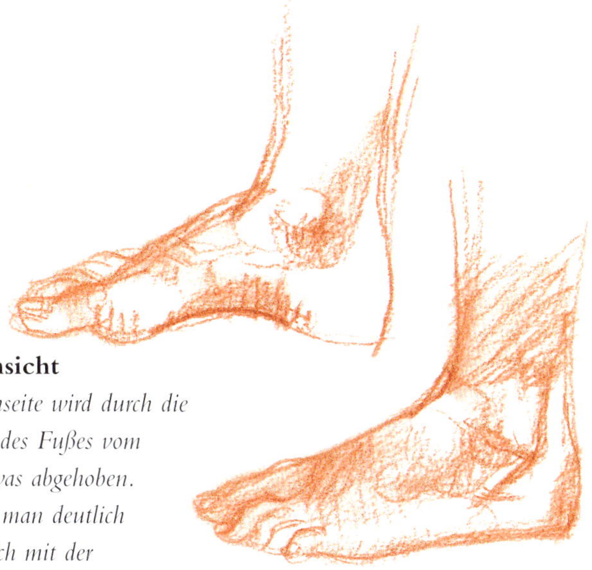

Seitenansicht

Die Innenseite wird durch die Wölbung des Fußes vom Boden etwas abgehoben. Das sieht man deutlich im Vergleich mit der Außenkante des Fußes.

Anatomie des Fußes

Alle Extensoren des Unterschenkels enden in Sehnen auf dem Fußrücken. Die kraftvolle Achillessehne des Wadenmuskels zieht am Fersenbein, wodurch der hier abgebildete Zehenstand entsteht. Die Flexoren zwischen Ferse und Zehen halten die Spannung im Rist.

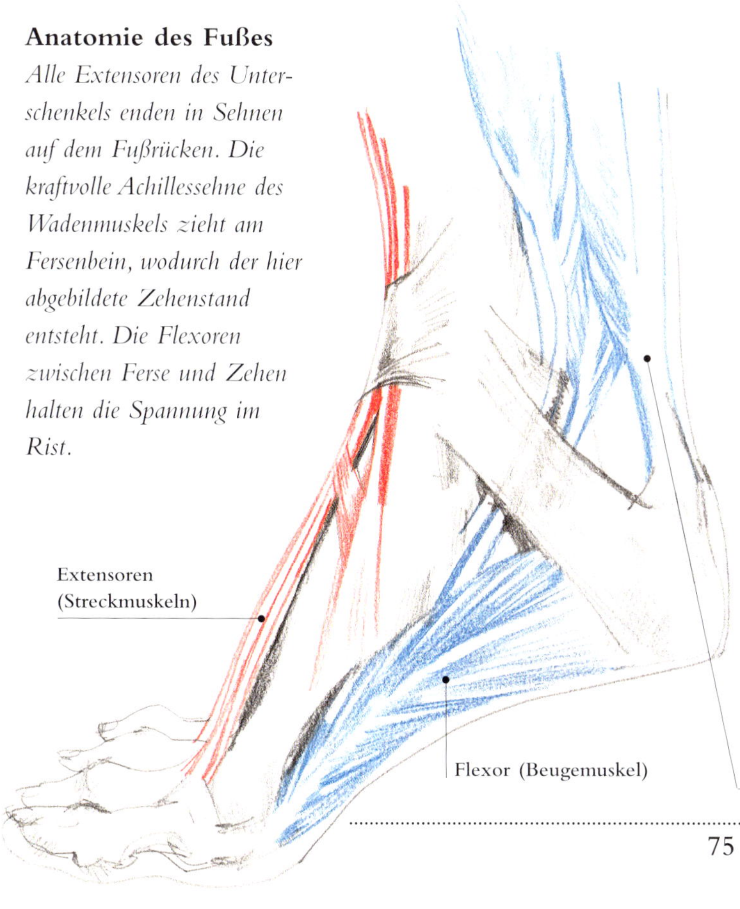

Flexibilität

Die Gelenkfläche des Wadenbeinknöchels erlaubt Bewegungen des Fußes in der vertikalen Ebene. Horizontale Bewegungen (seitwärts) sind normalerweise nur nach innen möglich, wie hier gezeigt wird. Beachten Sie das Heraustreten des äußeren Wadenbeinknöchels und die Flexibilität des Fußes in dieser Stellung.

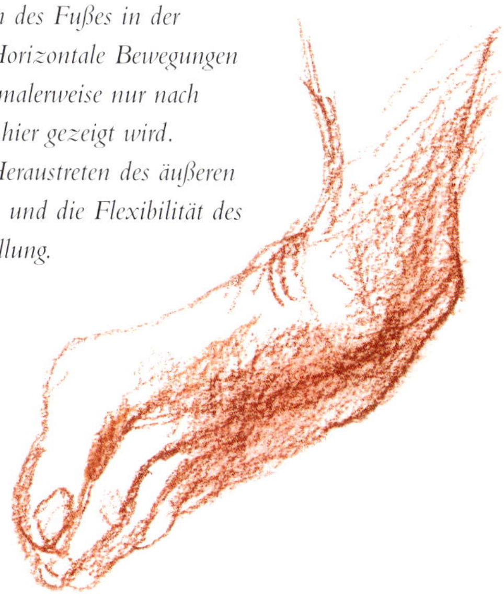

Praktische Übung

Um die Struktur und Form der Füße kennenzulernen, sollte man sie am besten in Aktion studieren. In dieser Übung hat das stehende Modell seinen linken Fuß flach auf den Boden gesetzt, während die Ferse des rechten Fußes angehoben ist. Nur Ballen und Zehen berühren den Boden. Beachten Sie, wie sich der linke Fuß bei der Gewichtsverlagerung abflacht. Der Rist ist weniger stark gewölbt, die Sohlen werden heruntergedrückt, und der ganze Fuß wird breiter.

Auch bei einem sitzenden Modell lassen sich die Füße in ähnliche Positionen bringen. Zwar wird in dieser Stellung die Form der Füße etwas verändert, da sie nur einen Bruchteil des Gewichts aushalten müssen. Doch für das Modell ist sie wesentlich bequemer und setzt Sie beim Zeichnen nicht unter Zeitdruck.

Für die zweite Übung wählte ich eine leicht zu haltende Pose. Eine Hand ruht in einer typischen halbgeschlossenen Form, während die andere Hand das Handgelenk umfaßt. Diese Pose entspricht einer Person in ruhiger, entspannter Stimmung.

Material

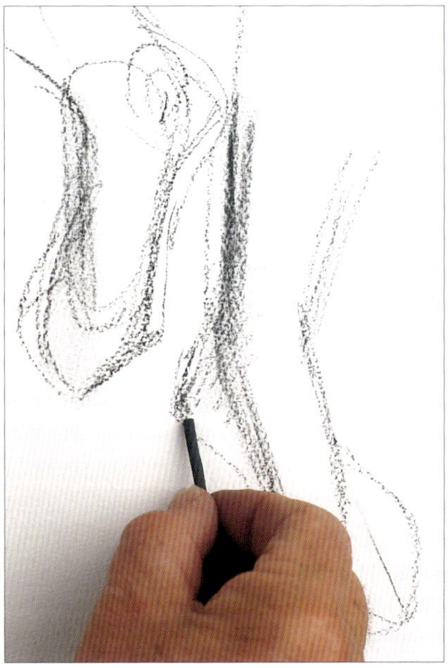

1 *Zuerst zeichnete ich die Umrisse der beiden Füße, wobei ich mich auf die Form des Ristes konzentrierte. Dann deutete ich einige weitere Formen an. Beim rechten Fuß zum Beispiel umkreiste ich mit einigen Strichen die Ausbuchtung des Knöchels und die Linie zwischen dem Mittelfuß und den Zehen.*

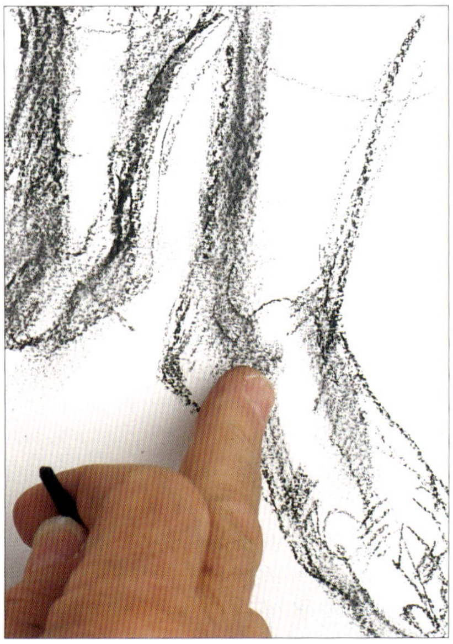

2 *Der linke Fuß des Modells steht fest auf dem Boden. Ferse, Fußballen und die gesamte Außenkante haben Kontakt zum Boden. Auf der Innenseite hält das Gewölbe des Fußes das ganze Fußgerüst. Hier verreibe ich etwas Kohle mit dem Finger, um die Linie des Fußgewölbes anzudeuten.*

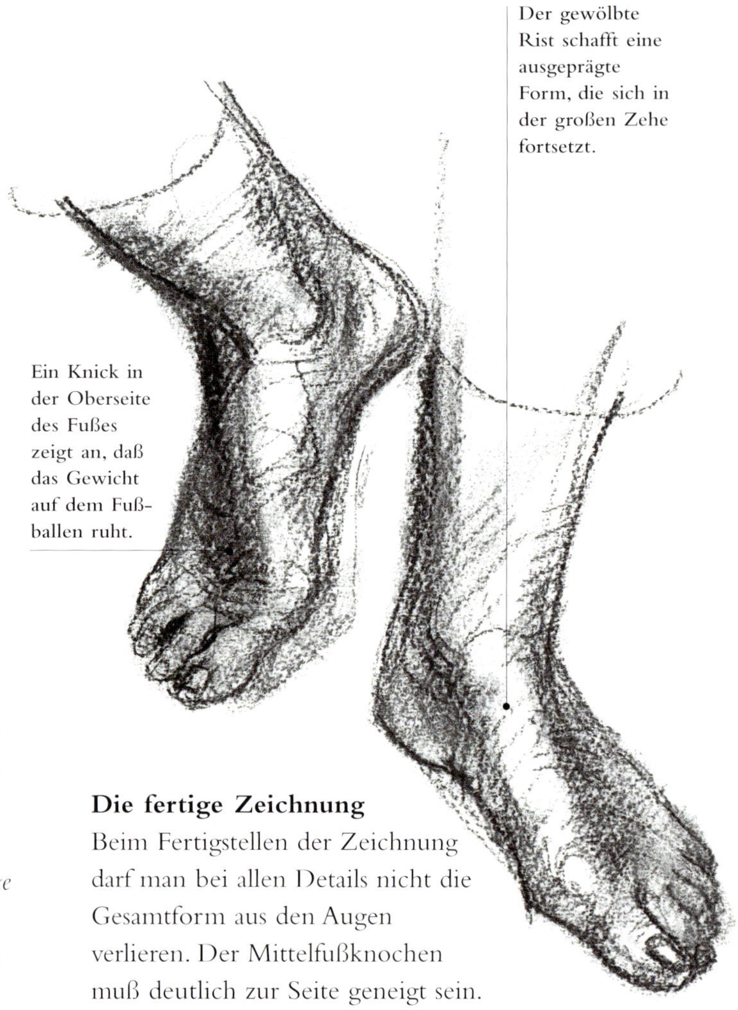

Die fertige Zeichnung

Beim Fertigstellen der Zeichnung darf man bei allen Details nicht die Gesamtform aus den Augen verlieren. Der Mittelfußknochen muß deutlich zur Seite geneigt sein. Der Fußballen des linken Fußes muß auf der gleichen Ebene wie der andere aufgesetzte Fuß liegen.

PRAKTISCHE ÜBUNG

MATERIAL

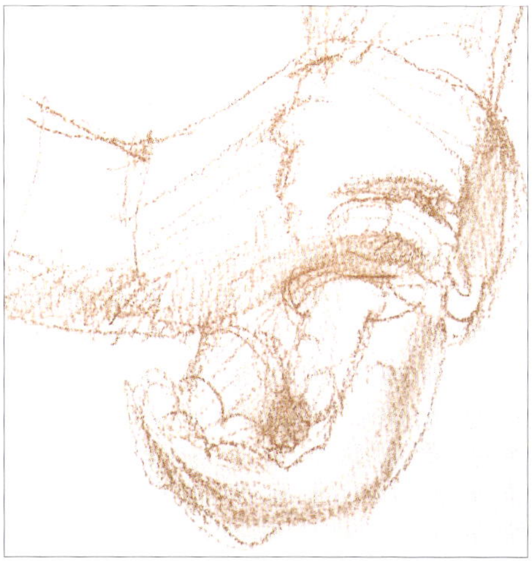

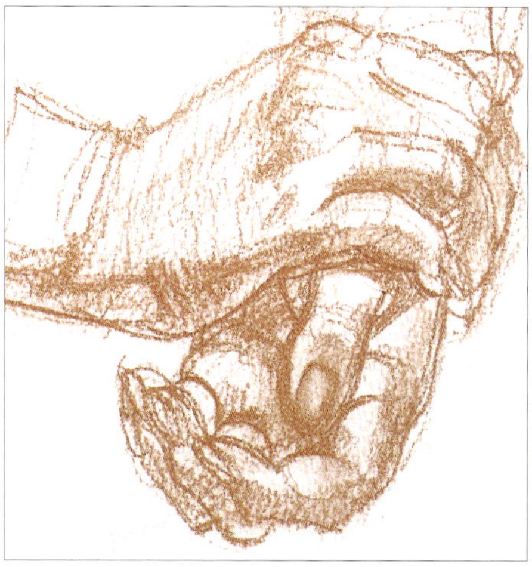

1 *Diese Hände ruhen. Die untere Hand ist zu einer Hohlform gekrümmt, die obere umfaßt das Handgelenk. Skizzieren Sie zuerst die Umrisse und behandeln Sie die Hände so, als ob sie in Fäustlingen stecken würden. Ich verwendete dafür einen Conté-Rötelstift, der nicht einfach auszuradieren ist. Die „suchenden“ Linien können jedoch später überzeichnet werden.*

2 *Nun fing ich an, die Formen etwas zu differenzieren, indem ich die Wellenlinie der Knöchel markierte und den dritten sowie den kleinen Finger der oberen Hand aus dem „Handschuh“ herausarbeitete. Bei der Modellierung der Details sollte jedoch die Gesamtform nicht verschleiert werden.*

3 *Nun bekommen die einzelnen Fingerglieder ihre Form. Die Knöchel der ersten drei Finger sind deutlicher zu sehen als die des kleinen Fingers. Die Knöchel beschreiben einen deutlichen Bogen auf der Hand.*

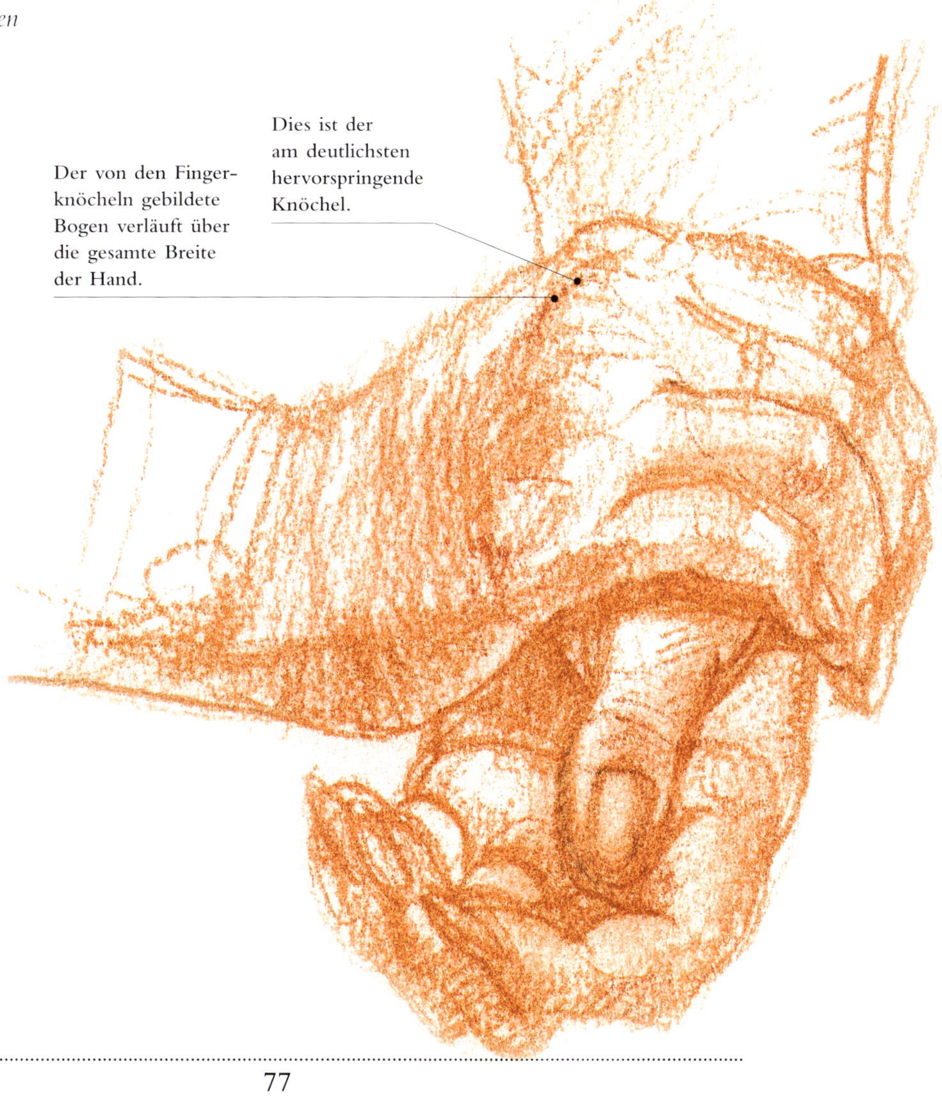

Die fertige Zeichnung
In der letzten Phase zeichnete ich den Rücken der oberen Hand, rundete und verstärkte die Form und die Kontraste zwischen der offenen und der darübergelegten Hand. Man kann sich dabei leicht in Details verlieren und darüber das Wesentliche der Pose vergessen. Also lehnen Sie sich immer wieder zurück, begutachten Sie Ihr Werk und betonen Sie die Gesamtform.

Gleichgewicht

Nach der Beschäftigung mit der menschlichen Anatomie sollen Sie nun erfahren, wie der Körper sich den Gewichtsverlagerungen anpaßt, die bei verschiedenen Posen und Bewegungen nötig sind – mit anderen Worten, wie er im Gleichgewicht bleibt.

Im Grunde genommen nimmt man die schwierigste Position ein, wenn man auf einem oder auf zwei Füßen steht. Wir führen diesen Balanceakt ohne große Anstrengung aus und nehmen dabei winzige, vom Nervensystem gesteuerte Regulierungen vor, um das Körpergewicht genau über der kleinen Bodenkontaktfläche unserer Füße zu halten. Selbst wenn der Boden abschüssig oder uneben ist, führen wir diesen Balanceakt ohne Schwierigkeiten aus.

Auf den Händen zu stehen ist sicher schwieriger. Doch sind die Mechanismen im Prinzip die gleichen. Immer muß der Körper durch Muskelzug am Skelett das Zentrum der Schwerkraft direkt über dem Kontaktpunkt, den Händen oder

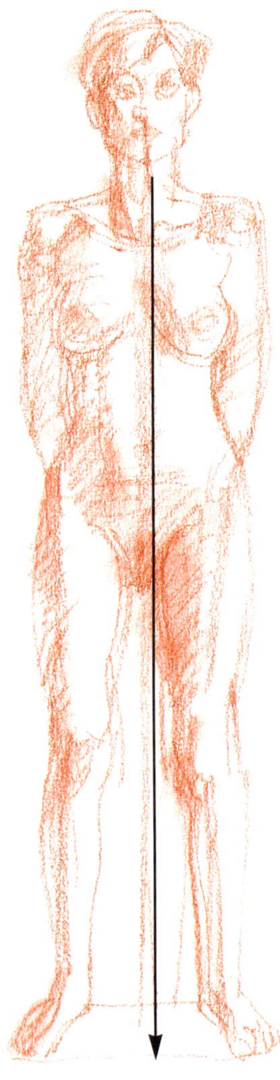

Gleiches Gewicht auf beiden Füßen
In dieser Position befindet sich die Figur mit ihrer aufgerichteten Wirbelsäule in einer ausgewogenen Balance. Der Kopf sitzt aufrecht auf einem geraden Nacken über einem Punkt, der von beiden Füßen gleich weit entfernt ist. Die vertikale Linie vom Zentrum des Halses bis zum Boden macht diese Stellung deutlich.

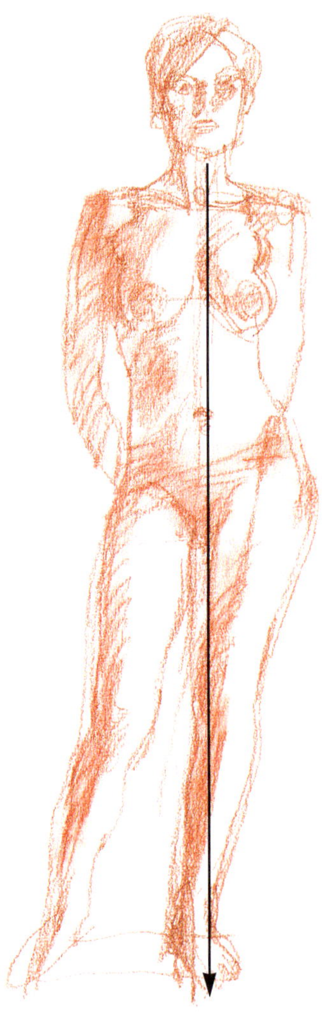

Das Gewicht auf ein Bein verlagern
Hier ist das Körpergewicht auf das linke Bein des Modells verlagert. Das Becken ist nach links verschoben und veranlaßt Hüfte und Oberschenkelknochen zu einer Gegenbewegung. Der ganze Oberkörper hat sich seitlich über den belasteten Fuß geschoben. Die Vertikale geht vom Hals aus durch das linke Bein.

Das Gewicht auf ein Bein stützen
Die vorspringende Hüfte deutet an, daß das Gewicht im Prinzip auf der rechten Seite gehalten wird. Das Modell hat aber den Rumpf von dieser Seite weggedreht und stützt sich mit dem linken Arm auf dem Knie ab. Das Körpergewicht wird so auf den linken Unterschenkel übertragen.

Füßen, auf dem Boden halten. Als Künstler müssen wir diese Feineinstellungen ganz genau beobachten. Wenn man hier Fehler macht, sieht es aus, als ob die stehende Figur schwebt oder fällt.

Wie wir beim Studium des Skeletts (s. S. 60–63) gesehen haben, wird das Körpergewicht von einem Bein auf das andere durch Neigung des Beckens, Krümmung der Wirbelsäule und Gegenbewegung der Schultern verlagert. Das ist aber nicht immer so einfach. Selbst wenn das Körpergewicht gleichmäßig auf beide Füße verteilt ist, muß sich der untere Teil des Rumpfes bei einer Vorwärtsbeugung des Oberkörpers nach hinten schieben, um die Balance zu halten.

Man sollte Markierungen zur Hilfe nehmen, um die Verteilung der Körpermassen festhalten zu können. Zeichnen Sie dazu eine vertikale Linie vom Zentrum des Nackens bis zum Boden.

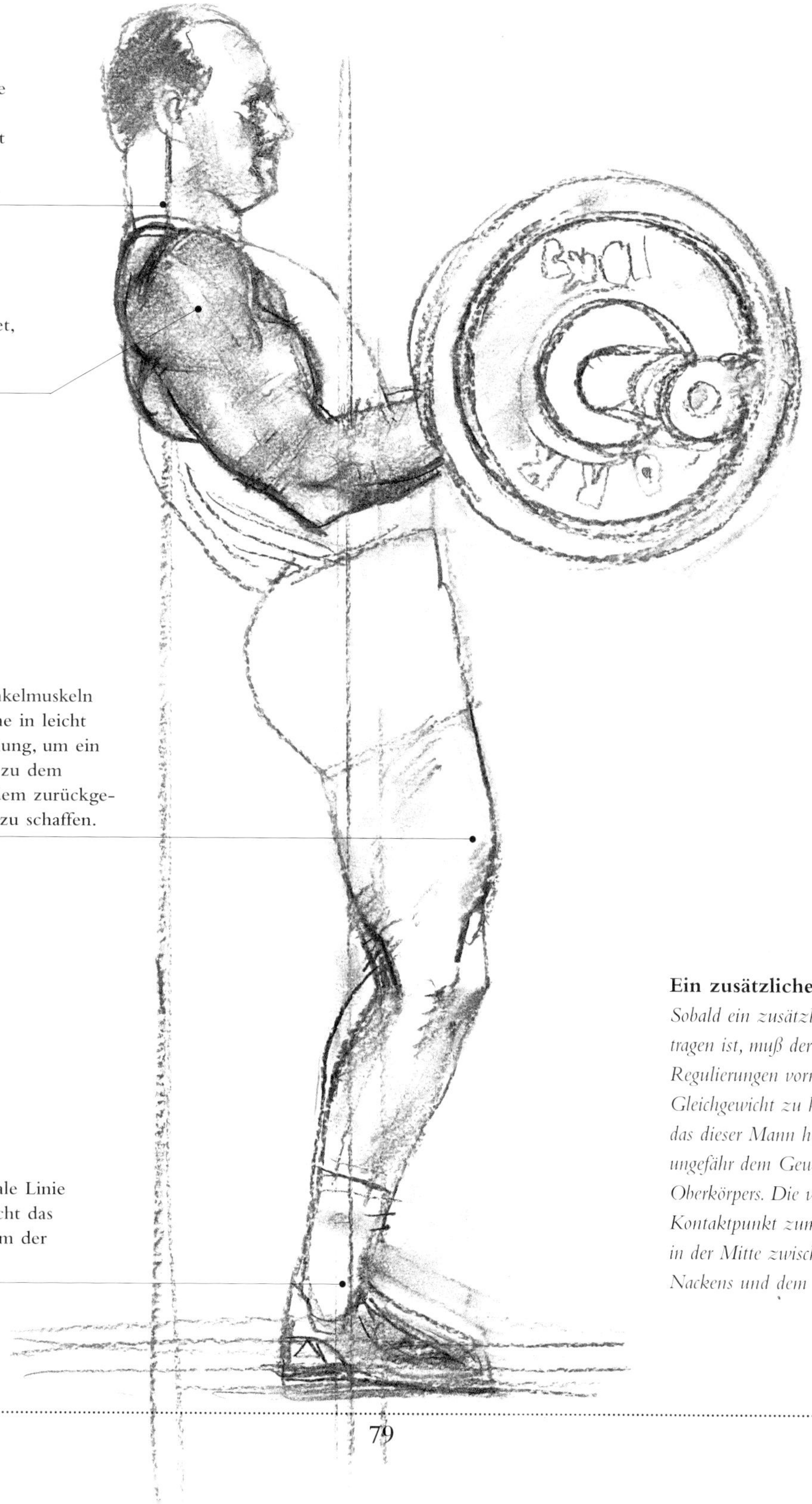

Ein zusätzliches Gewicht tragen

Sobald ein zusätzliches Gewicht zu tragen ist, muß der Körper weitere Regulierungen vornehmen, um das Gleichgewicht zu halten. Das Gewicht, das dieser Mann hebt, entspricht ungefähr dem Gewicht seines Oberkörpers. Die vertikale Linie vom Kontaktpunkt zum Boden liegt genau in der Mitte zwischen dem Zentrum des Nackens und dem Gewicht.

Praktische Übung

Die Darstellung von Personen in ungewöhnlicher Körperstellung gehört zu den spannendsten Aufgaben im Bereich des Figurenzeichnens. Die Wiedergabe einer Pose mit aufgestütztem oder angelehntem Arm ist dabei noch recht einfach, wie am Beispiel auf S. 94-95 zu sehen, wo sich das Modell in einem entspannten Gleichgewicht befindet.

Muß das Modell aber sein ganzes Gewicht auf einen Punkt verlagern, ist das schon wesentlich anstrengender und nur für kurze Zeit durchzuhalten. Die hier gezeigte Pose, bei der das Körpergewicht auf dem hochgestreckten Arm ruht, ist ziemlich schwer zu halten, aber für den Zeichner sehr interessant. Die Muskeln des Rumpfes und des Hüftbereichs treten dabei besonders deutlich hervor. Versuchen Sie diese Spannungen und Verdichtungen im Körper dieser Figur zu sehen und wiederzugeben.

Material

Eine Auswahl an Conté-Stiften

Zur Pose

Die Figur wird nur dadurch am Fallen gehindert, daß sie sich mit der linken Hand festhält. Man darf bei solchen Posen aber nicht zu ehrgeizig sein. Selbst für athletische Modelle sind Posen, bei denen ein Teil des Körpergewichts auf nur einem Arm ruht, sehr anstrengend. Nehmen Sie sich also Zeit, um die Pose zu finden, die Ihr Modell eine Weile aushalten kann, und gönnen Sie ihm oder ihr genügend Ruhepausen.

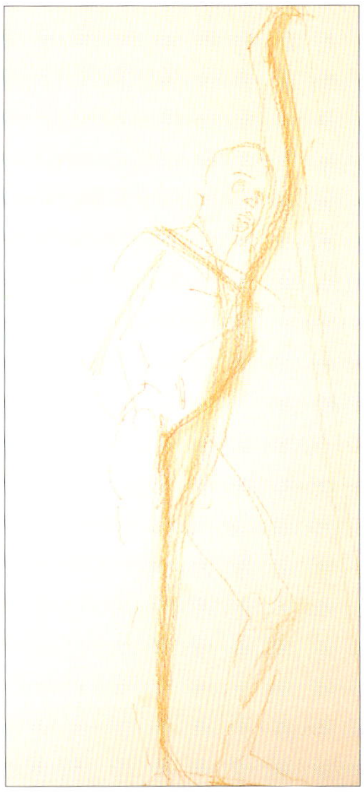

1 *Legen Sie zuerst die Linie fest, die den Rumpf beschreibt, der an das Holzstativ lehnt. Ich habe diese Linie mit einem gelbbraunen Conté-Stift vom hängenden Arm über den Rumpf bis zum Standbein gezogen. Dann habe ich versuchsweise den Kopf, den Rumpf und das Spielbein einskizziert. Der Kopf ist nach rechts verschoben und zeigt damit an, daß die Figur sich nicht im Gleichgewicht befindet und nur an einem Arm hängt.*

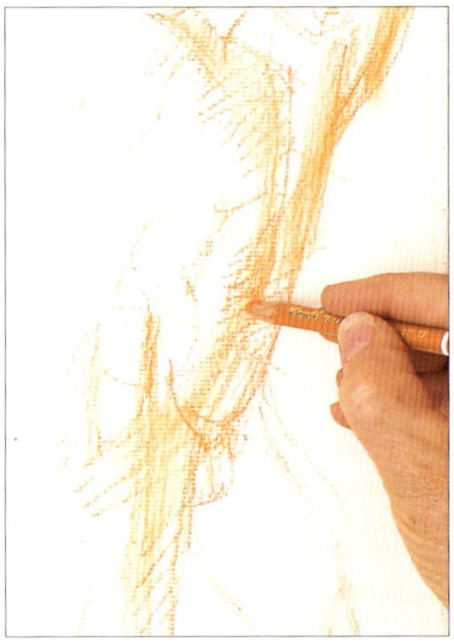

2 *Der Rumpf ist in dieser Pose sehr gestreckt. Daher habe ich hier mit dem Zeichnen begonnen. Überraschenderweise ist bei diesem Modell kaum eine Neigung des Beckens oder eine Gegenbewegung der Schulter zu erkennen. Andere Modelle könnten aber in dieser Pose durchaus andere Haltungen einnehmen.*

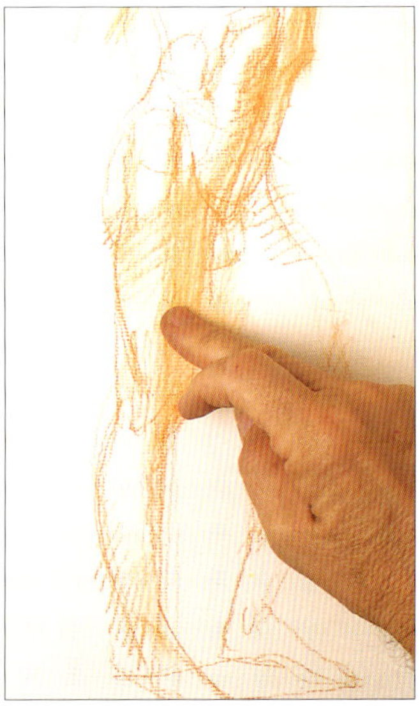

3 *Ich achtete besonders darauf, wie der Körper nach außen schwingt, um das an einem Arm hängende Körpergewicht über die Hüfte auf das Standbein zu übertragen. Das Becken wird vom Standbein, das das Körpergewicht trägt, hochgedrückt. Ich betonte dieses Bein, indem ich hier die Conté-Schraffuren etwas mit der Hand verwischte. Der rechte Arm und das linke Bein sind in dieser Phase nur vage skizziert.*

4 *Nun definierte ich die angespannten Bauchmuskeln. Mit einem rotbraunen Conté-Stift verstärkte ich die Brustmuskulatur, die von dem ausgestreckten Arm nach oben gezogen wird. (Beim Herausarbeiten der Formen darf man aber nicht den Gesamtzusammenhang aus den Augen verlieren.) Für die Modellierung des Gesichts und des linken Handgelenks habe ich ebenfalls Rotbraun verwendet.*

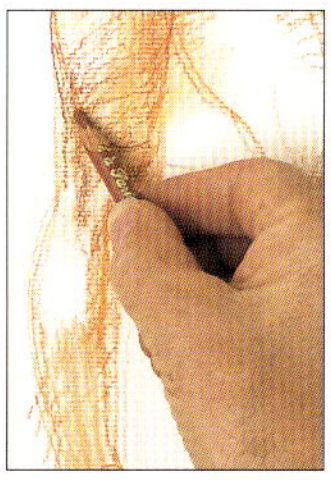

5 *Nachdem die Grundhaltung des Modells festgelegt worden war, konzentrierte ich mich auf den rechten Arm des Modells.* Kleines Bild: *Mit rotbraunem Conté-Stift arbeitete ich auch den Oberschenkelmuskel des rechten Beins aus. Das andere Bein bleibt skizzenhaft, um zu zeigen, daß es nicht belastet, sondern entspannt ist.*

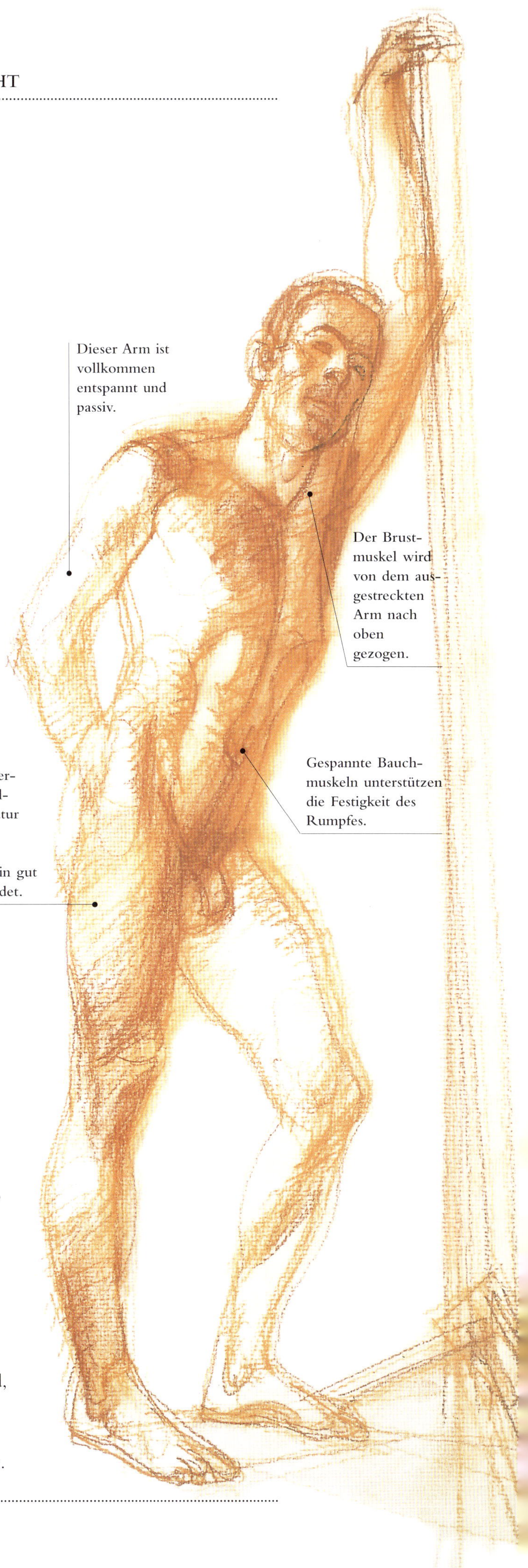

Die fertige Zeichnung

Die Gewichtsverschiebungen sind nur sehr schwach zu sehen, wie das oft bei athletischen Modellen der Fall ist. Wenn Sie ein bewegliches weibliches Modell haben, werden Sie wahrscheinlich zwischen Schultern und Hüften mehr Veränderungen erkennen können. Nehmen Sie einmal selbst diese Pose ein, und Sie werden sehen, wieviel Spannung auf dem stützenden Arm liegt. Um dies auszudrücken, sollten Sie die besondere Balance der Figur betonen, damit deutlich wird, daß sie ohne die Stütze gleich kippen würde. Überprüfen Sie während des Zeichnens immer wieder die Linie von der greifenden Hand über den Arm, den Torso bis zum Standbein.

Bewegung

Eine Figur in rascher Bewegung zu zeichnen ist schlichtweg unmöglich. Das heißt aber nicht, daß man nicht doch Zeichnungen machen kann, die einen deutlichen und spannenden Eindruck von Bewegung vermitteln.

Es ist fast unmöglich, Bewegungen direkt zu zeichnen, außer sie laufen sehr langsam und in bestimmten Wiederholungen ab. Eine langsame Bewegung, wie das Gehen, kann an einem Modell studiert werden, das vorwärts- und zurückgeht. Greifen Sie einen Moment dieser fortlaufenden Bewegung heraus und zeichnen Sie einen kleinen Teil davon. Jedesmal, wenn sich diese Bewegung wiederholt, zeichnen Sie einen anderen Teil, bis der Bewegungsablauf komplett ist. Eine andere Möglichkeit besteht darin, eine bestimmte Bewegung „einzufrieren". Das könnte jedoch steif und unrealistisch aussehen. Am besten und bequemsten ist es, auf Film oder Fotografie zurückzugreifen. Einen Videofilm kann man anhalten, zurückspulen und wieder laufen lassen und hat somit die Möglichkeit, alle Bewegungen immer wieder von vorne studieren zu können. Das Problem bei Standbildern ist jedoch, daß die Bewegung sehr unnatürlich aussieht. Eine verwischte Fotografie kann den Eindruck einer Figur in Bewegung fast überzeugender wiedergeben. Den unten gezeigten Bewegungsablauf habe ich nach einer Serie von Fotos gezeichnet, die einen Freund zeigen, der immer wieder an mir vorbeigerannt ist.

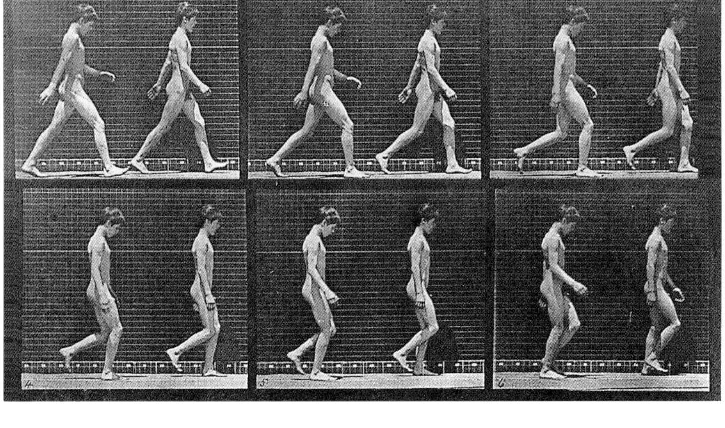

Die sich bewegende Figur

Vorwärtsschreiten ist ein andauernder Prozeß des Balancierens. Der Fotograf Eadweard Muybridge hat im 19. Jahrhundert den exakten Bewegungsablauf des menschlichen Ganges mit Hilfe von Spezialkameras, die mehrere Serien rascher Bewegungen festhalten konnten, aufgenommen.

Tänzerin in Bewegung
Ich zeichnete diese Tänzerin nach einer Fotovorlage und betonte dabei vor allem die Bewegung. Meine ersten suchenden Linien habe ich stehenlassen, um das Flüchtige der Bewegung anzudeuten. Umrisse und Tonwerte sind nur locker skizziert, ohne jedoch die Kraft der Pose zu beeinträchtigen. Der Ballettrock ist ebenfalls nur verwischt dargestellt.

Eingefrorene Bewegung
Mitten in der Luft schwebende Figuren können fotografisch festgehalten werden. Kombiniert man mehrere Fotos, lassen sich interessante Kompositionen schaffen. Diese Zeichnung zeigt eine dramatische Komposition, die aufgrund der lockeren Striche und kräftigen Lavierungen in Lampenschwarz einen „unfertigen" Eindruck macht und die Kraft der Sprungbewegung gut zum Ausdruck bringt.

PROJEKTE

Kurze Posen

Wenn man sich selbst ein Zeitlimit setzt, ist man gezwungen, ganz frei und mutig zu zeichnen. Man achtet nur noch auf das Wesentliche und weniger auf überflüssige Details. Und das wird später bei längeren Sitzungen Ihr Selbstvertrauen stärken.

Statt sich direkt in ein umfangreiches Projekt zu stürzen, sollten Sie in der ersten halben Stunde einer Sitzung ein paar kurze Posen zeichnen. Das lockert auf, beruhigt die Nerven und macht deutlich, welche Positionen für das Modell am natürlichsten und bequemsten sind.

Beginnen Sie mit einer Pose von 15 Minuten und arbeiten Sie dann in kürzeren Zeitabständen. Zeichnen Sie aber immer die vollständige Figur, egal wie rudimentär sie auch ausfallen mag. So lernen Sie, das Wesentliche einer Pose schnell zu erfassen. In einer langen Sitzung können Sie dann zur Grundstruktur noch einige feine Details hinzufügen.

Halten Sie überall die Menschen in Ihrer Umgebung beim Gehen, Stehen oder Sitzen in Ihrem Skizzenbuch fest. Wie skizzenhaft solche Zeichnungen auch ausfallen, so schulen sie doch die Beobachtungsgabe. Für Skizzenbücher ist Bleistift am besten geeignet, probieren Sie aber ruhig auch andere Zeichenmittel aus.

Bei Zeichnungen von weniger als 10 Minuten sollte man bei einem einzigen Zeicheninstrument bleiben. Bei dieser Studie von 10 Minuten habe ich jedoch neben blauer Kreide noch Rot benutzt, um die Hände und den Kopf zu betonen. Für die 15-Minutenpose verwendete ich Rötel- und Purpurstifte sowie eine weiße Conté-Kreide zum Lichthöhen.

Vier Minuten: Lineare Zeichnung

Auch wenn die Zeit knapp ist, machen Sie eine Zeichnung des ganzen Körpers. Ignorieren Sie die Details und suchen Sie stattdessen nach der Hauptrichtung der Pose, die einfach und deutlich festgehalten wird. Man muß dabei nicht unbedingt mit dem Umriß beginnen. Hier habe ich zuerst die Wirbelsäule gezeichnet. Dann habe ich die Stellung der Beine locker skizziert. Nur wenn die Zeit dazu reicht, sollten Sie die Strukturlinien mit festeren Konturen versehen.

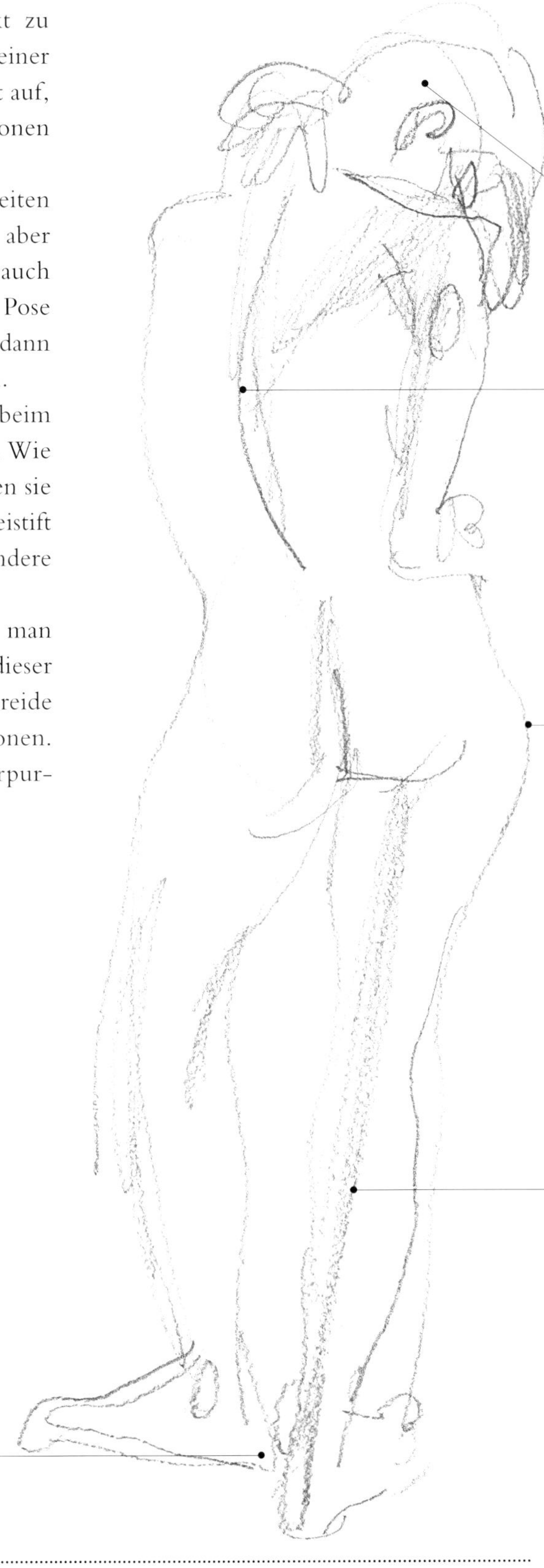

Der Kopf liegt genau über der Ferse des rechten Standbeins.

Zeichnen Sie zuerst den kurvenartigen Verlauf der Wirbelsäule.

Der Hüftschwung wird von dem vorspringenden Hüftknochen betont.

Eine gerade Linie bezeichnet die Richtung des Standbeins.

Beachten Sie die Struktur der Füße und ihren Kontakt zum Boden.

10 Minuten: Dramatische Perspektive

Auch wenn mehr Zeit zur Verfügung steht, braucht man sich nicht auf Details einzulassen. Nutzen Sie die zusätzlichen Minuten, um die Gesamtpose noch einmal zu überprüfen. Vielleicht wollen Sie auch einmal eine ungewöhnliche Pose zeichnen. Diese Figur ist zum Beispiel verkürzt, weil sie von einem hohen Blickwinkel aus gesehen wird. Dadurch ergeben sich einige überraschende Zusammenhänge zwischen den einzelnen Körperteilen. Beachten Sie, wie die Finger der rechten Hand fast die Wade zu berühren scheinen und sogar auf einer Linie mit den Zehen des linken Fußes liegen!

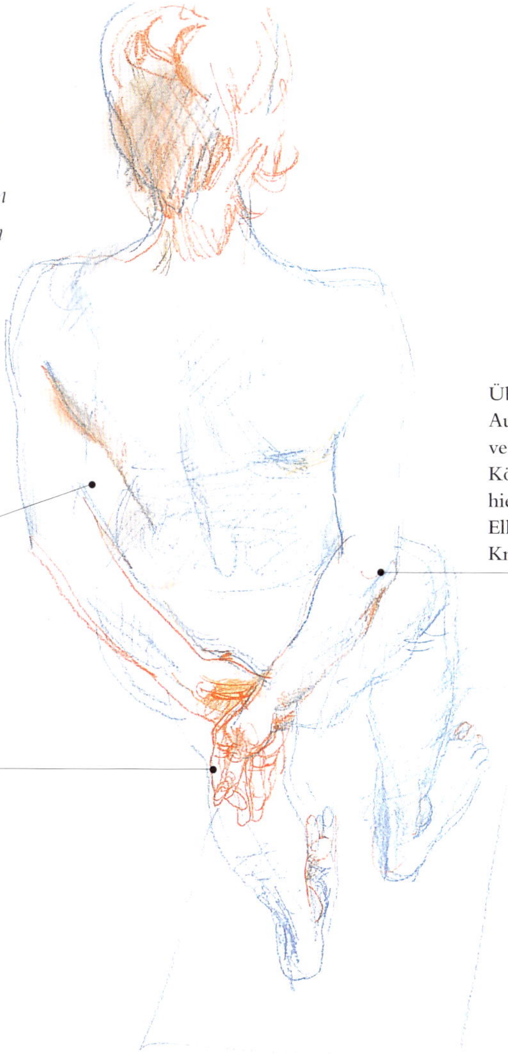

Wenn man wenig Zeit hat, muß man vor allem auf die negativen Formen zwischen den einzelnen Körperteilen achten.

Überprüfen Sie die Ausrichtungen der verschiedenen Körperteile. Sehen Sie hier, wie eng der Ellbogen am rechten Knie liegt.

Achten Sie auf Formzusammenhänge. Hier verläuft die Linie des Steißbeins durch den Mittelfinger bis in das Standbein.

Ein dunkelvioletter Conté-Stift betont die Haare.

Weiße Conté-Kreide wird für die Lichter auf Wangen und Jochbein verwendet.

15 Minuten: Tonale Zeichnung

In 15 Minuten lassen sich Licht- und Schatteneffekte wiedergeben. Man muß aber schnell arbeiten. Skizzieren Sie zunächst nur die dunkelsten Schatten. Für diese Zeichnung wurde Conté-Rötelkreide verwendet, die schnell verteilt und verwischt werden kann. Arbeiten Sie die hellsten Stellen mit weißer Conté-Kreide aus, anstatt sie einfach herauszuwischen.

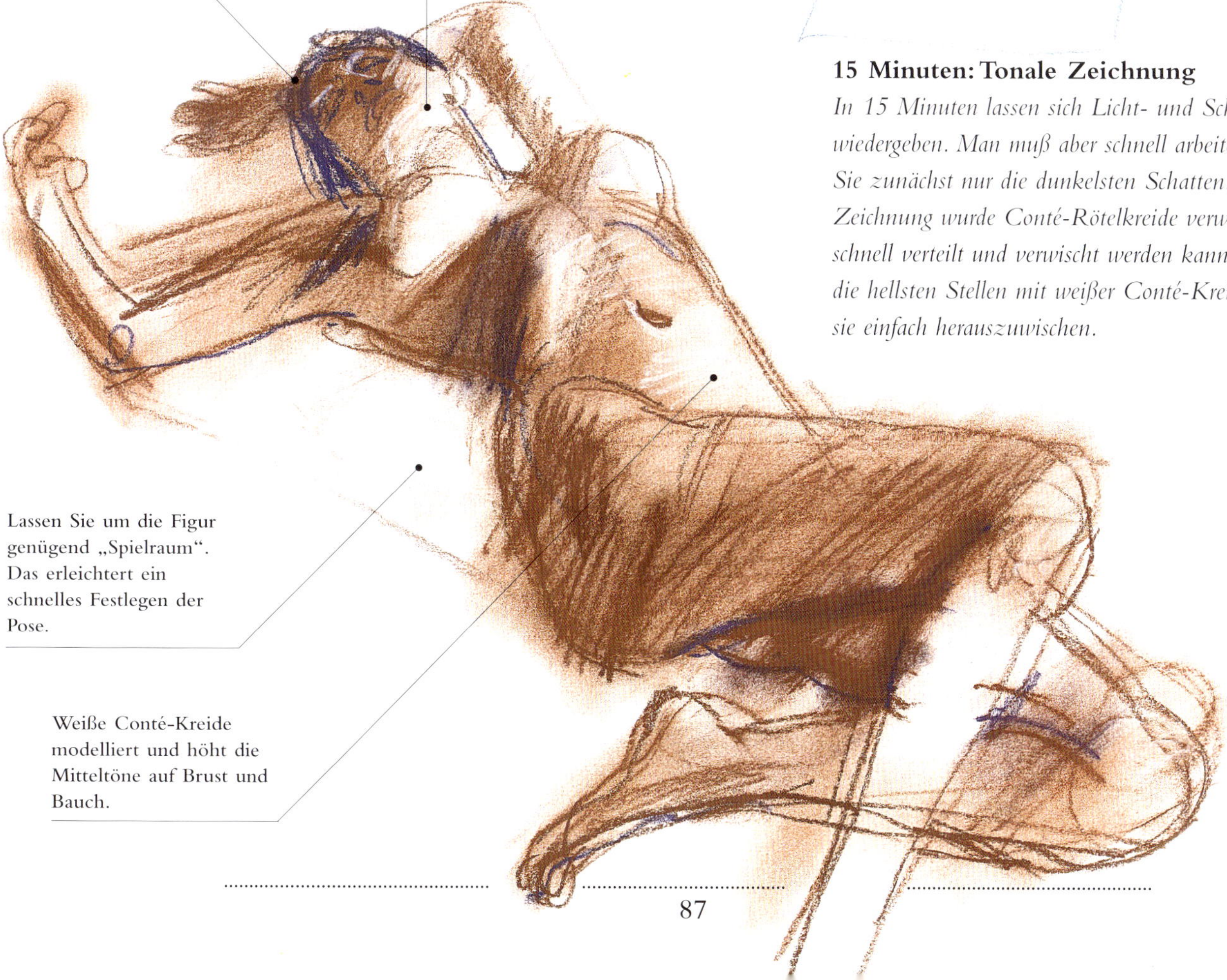

Lassen Sie um die Figur genügend „Spielraum“. Das erleichtert ein schnelles Festlegen der Pose.

Weiße Conté-Kreide modelliert und höht die Mitteltöne auf Brust und Bauch.

Liegende Figur

Die auf einem Sofa liegende Figur ist eines der klassischen Motive der westlichen Kunst. Die Pose sollte statuenhafte Ruhe ausstrahlen, aber auch einige interessante Formen und Muster aufweisen.

Die liegende weibliche Figur wurde wahrscheinlich von allen anderen Posen am häufigsten gezeichnet und gemalt. Manets „Olympia", Velázquez' „Venus und Cupido", Goyas „Nackte Maja" und Tizians „Venus von Urbino" sind nur einige der berühmten Beispiele, die einem sofort einfallen. Diese Pose wird von männlichen Modellen kaum eingenommen, außer vielleicht in den Gemälden von Michelangelo. Die weibliche Schönheit wurde immer schon mit Passivität in Verbindung gebracht, während die männliche Schönheit mehr in aktiven Posen zum Ausdruck kommt. Ob Mann oder Frau, die liegende Figur mit aufgerichtetem Kopf und aufmerksamer Haltung (im Unterschied zur liegenden, schlafenden) stellt den Zeichner vor eine Reihe interessanter Probleme. Da das Körpergewicht auf die ganze Länge verteilt ist, gibt es wenig Muskelspannungen zu sehen, außer im Nackenbereich, wo die Nackenmuskeln den Kopf gerade halten. Der Rumpf ähnelt einer Schlinge, die entspannt zwischen Becken und Schultergürtel und/oder der Armlehne hängt. Die Sofas schaffen wiederum je nach harter oder weicher Auflage einen interessanten Kontrast zwischen angespannten und entspannten, harten und weichen Formen.

Um das Formale dieser Pose zum Ausdruck zu bringen, fertigte ich zunächst eine genaue Vorzeichnung mit Bleistift an, über die ich dann Farblavierungen legte. Ich wählte einen rauhen Aquarellkarton als Untergrund, da er nicht aufgezogen werden muß und auch für Bleistift geeignet ist.

Material

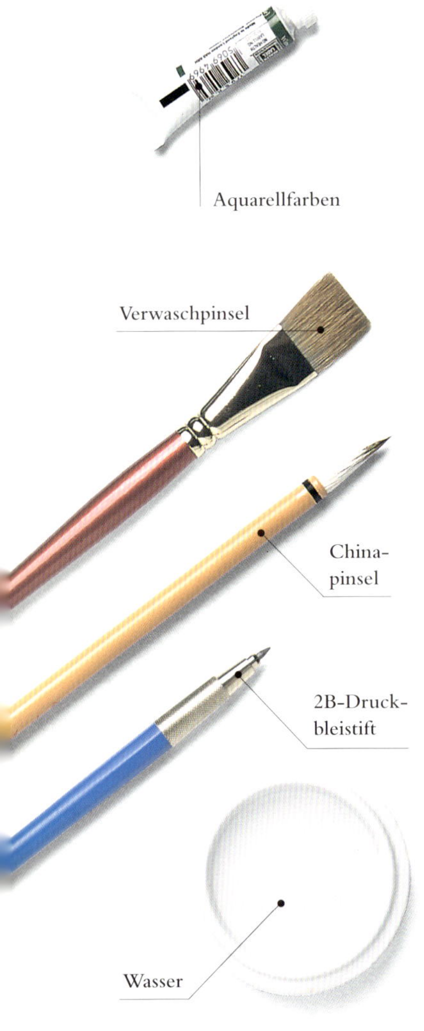

Zur Pose

Schulter und Becken werden von der harten Auflage der gepolsterten Chaiselongue fest gestützt. Zwischen diesen beiden Stützen sackt der Rumpf ein, und die Wirbelsäule biegt sich deutlich durch. So entsteht ein interessanter Kontrast zwischen harten und weichen Formen.

1 *Zeichnen Sie zuerst die Hauptformen der Figur und der Chaiselongue vor. Dann zeichnen Sie die Biegung der Wirbelsäule. Beachten Sie, wie ausgeprägt diese Kurve ist, da sich der Körper der harten Auflage der Chaiselongue anzupassen sucht.*

2 *Schraffieren Sie dann einige Tonwerte mit der Bleistiftseite, als Orientierungshilfe für die nachfolgenden Lavierungen. Kleines Bild: Arbeiten Sie anschließend an der Struktur der Chaiselongue, die im Verhältnis zur Figur nicht vernachlässigt werden darf.*

3 *Achten Sie auf die Stellen, an denen der Körper mit der Liege in Kontakt kommt. Ich habe hier die Linienführung beim unteren Schenkel unterbrochen, um zu zeigen, wie der Körper etwas ins Sofa einsinkt.*

4 *Mit kräftigeren Strichen werden nun der weggedrehte Kopf eingezeichnet und Details, wie Ohr und Haare, betont. In dieser Phase sollten auch das Stoffmuster und die Holzbeine der Liege angedeutet werden.*

5 *Nun lavieren Sie die erste Farbe auf dem Körper. Legen Sie zuerst eine helle Farbe für die hellste Stelle des Körpers an. Ich verwendete einen Chinapinsel (oder einen Aquarellpinsel Nr. 5 oder 6) und eine stark verdünnte Mischung aus Siena natur und etwas Kadmiumorange.*

6 *Als die erste Lavierung getrocknet war, legte ich eine Lavierung in hellem Winsorgrün und etwas Schwarz über die Liege. Diese Lavierung darf nicht dunkler sein als der hellste Ton im Stoffmaterial.*

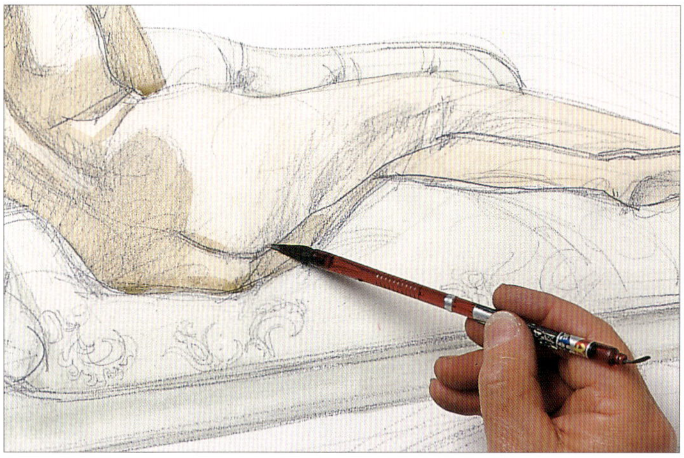

7 Dann erhält die Figur eine zweite, dunklere Lavierung, in diesem Fall Siena natur mit etwas Schwarz. Nehmen Sie die Schraffuren als Führungslinien für die Lavierung. Die Schatten sollen hier mit mehreren Farblavierungen aufgebaut werden.

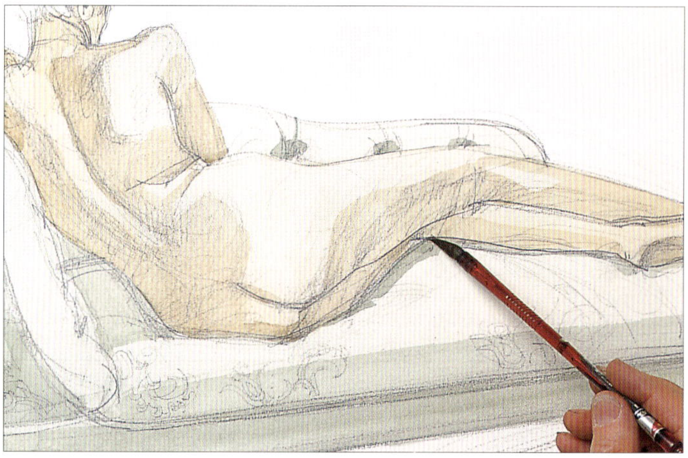

8 Suchen Sie nun den Gegenstand für den nächstdunkleren Ton – hier die Schattenfläche auf der Chaiselongue, wobei ich den Anteil an Schwarz bei der schon vorhandenen Mischung aus Winsorgrün und Schwarz erhöhte.

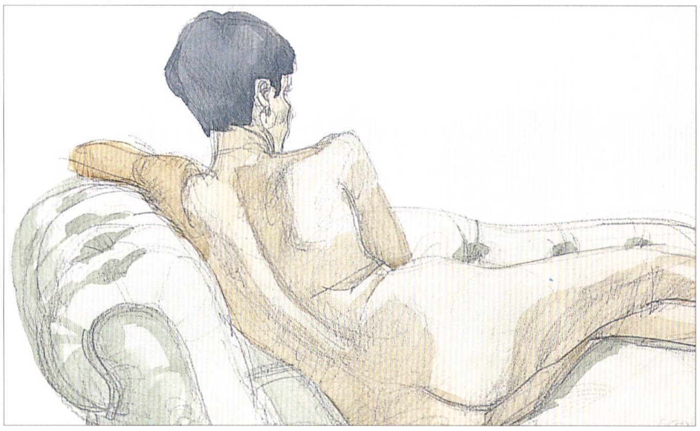

9 Das Haar des Modells erhält nun die erste Farbschicht. Dieser Farbton aus Kobaltblau und Schwarz gibt die Lichter im Haar wieder. (Lichter auf dunklem, glänzendem Haar haben oft einen bläulichen Ton.)

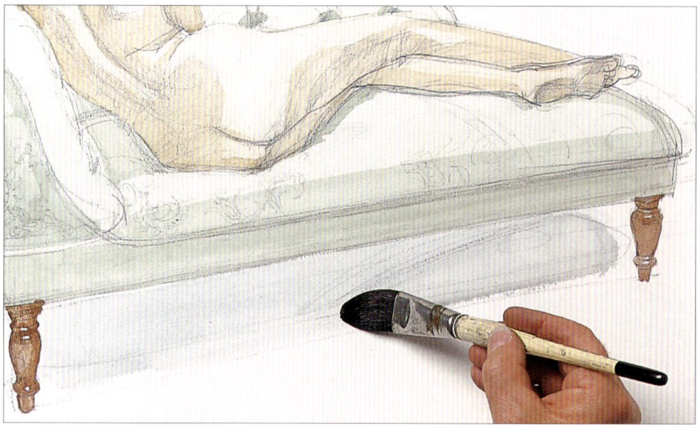

10 Während die Lavierungen des Körpers und des Polsters trockneten, malte ich die Beine der Chaiselongue. Mit einem Verwaschpinsel und gestischen Strichen legte ich eine erste Lavierung für den Bodenschatten aus einer verdünnten Mischung aus Kobaltblau und Tupfen mit Schwarz und Kadmiumorange an.

11 Nun fügte ich stärkere Schatten ein und modellierte damit die Figur. Die Schattenfläche der Wirbelsäule ist zum Beispiel im Vergleich zum Schattenfleck auf dem Schulterblatt etwas schwächer ausgefallen.

12 Überprüfen Sie noch einmal die hellen Stellen der Figur. Ich stellte für dieses Aquarell fest, daß die hellen Töne nicht differenziert genug dargestellt worden sind. So legte ich noch eine neue Lavierung an, die etwas dunkler als die erste Körperlavierung war, außer an den Stellen, wo ich starke Lichter beibehalten wollte.

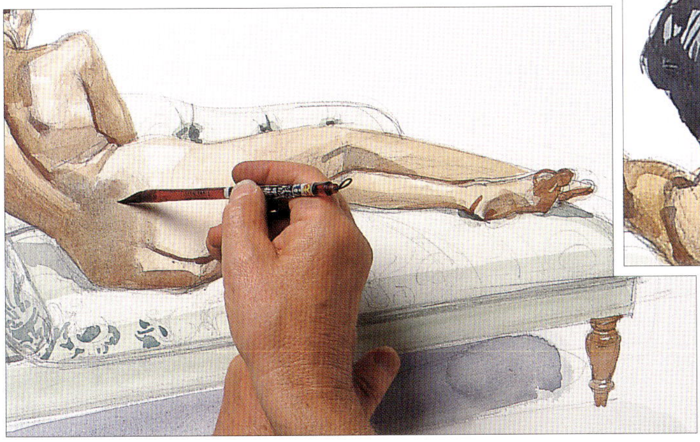

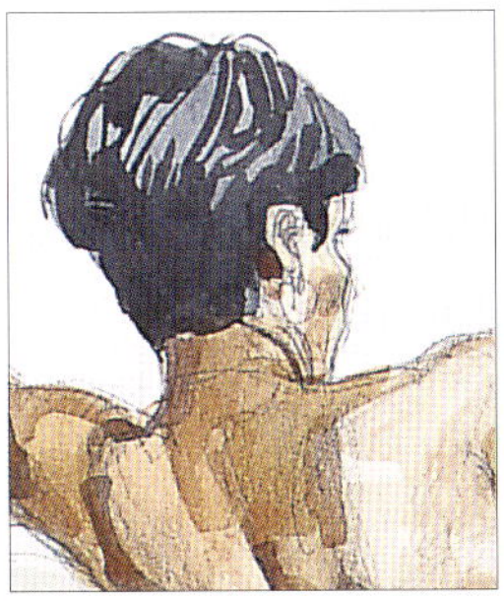

13 *Nach der Überarbeitung der hellen Stellen mußte ich noch die Schatten angleichen. Ich legte eine Lavierung in Umbra gebrannt, die mit Kobaltblau einen kühleren Ton bekam, über die Schultern und den Rücken. Diesen Farbton trug ich auf den Fußsohlen auf und an den Stellen, wo das Gesäß das Sofa berührt, sowie auf die Fußsohlen. Das Stoffmuster wurde noch hinzugefügt und ein stärkerer Schatten auf dem Fußboden laviert.*

Die fertige Zeichnung

Die formale Wirkung dieses Aquarells basiert auf der exakten Vorzeichnung, die es mir erlaubte, die folgenden Lavierungen sicher zu plazieren. Eine der schwierigsten Entscheidungen in der Malerei ist es, den richtigen Augenblick zu finden, an dem man aufhören sollte. Malt man zu lange an einem Bild, verliert man die Spannung und Spontaneität des ersten Einfalls. Macht man eine schnelle Skizze direkt nach einer langen Studie, so enthält diese oft dieselbe Information, nur in einem lockeren, lebendigeren Stil.

Sitzende Figur

Eine auf einem Stuhl sitzende Figur ist sicher die gängigste Pose – und vielleicht auch die langweiligste, wie manche sagen würden. Doch kann auch eine sitzende Pose so spannend wie jede andere sein, wenn man sich richtig darauf einläßt.

Ein sitzendes Modell muß nicht frontal und symmetrisch abgebildet werden; die Füße sollten nicht flach auf dem Boden stehen und die Hände nicht brav auf der Lehne aufliegen. Experimentieren Sie doch einmal mit anderen Posen und Sitzgelegenheiten. Und Sie werden herausfinden, daß jede Sitzung eine Herausforderung darstellt.

Material

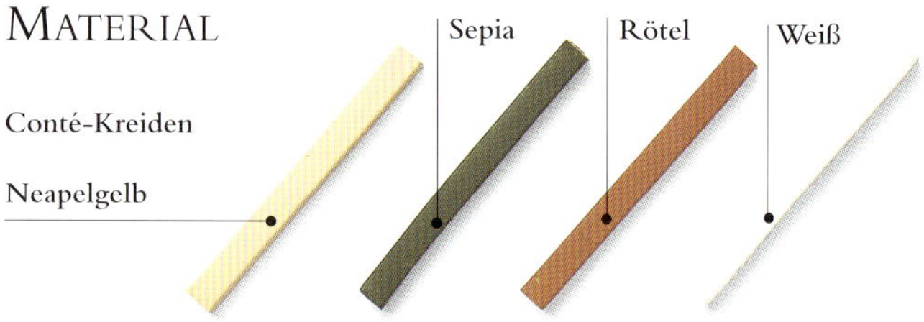

Welche Pose man auch auswählt, man sollte Figur und Stuhl immer als eine Einheit betrachten. Wenn Sie einen vierbeinigen Stuhl ausgesucht haben, hat Ihre Figur sechs Beine, denn die Stuhlbeine unterstützen die Arbeit der Beine und helfen Balance zu halten. Schauen Sie genau hin, wo der Stuhl Unterstützung bietet. Wenn der Stuhl Armlehnen hat, werden sich die Arme darauf abstützen. Wenn die Pose etwas zusammengesackt erscheint, bietet die Rückenlehne einen Anhaltspunkt für Gewichtsverteilung und Gleichgewicht. Für diese Zeichnung verwendete ich Conté-Kreiden und graues Pastellpapier.

Zur Pose

Dieser Bürostuhl hat eine zentrale Säule, die mit einer kreuzförmigen Basis verbunden ist. Das Modell sitzt also genauso sicher wie auf einem normalen vierbeinigen Stuhl. Denken Sie sich also die Basis des Stuhls als Grundfläche einer imaginären Kiste, auf der das Modell sitzt.

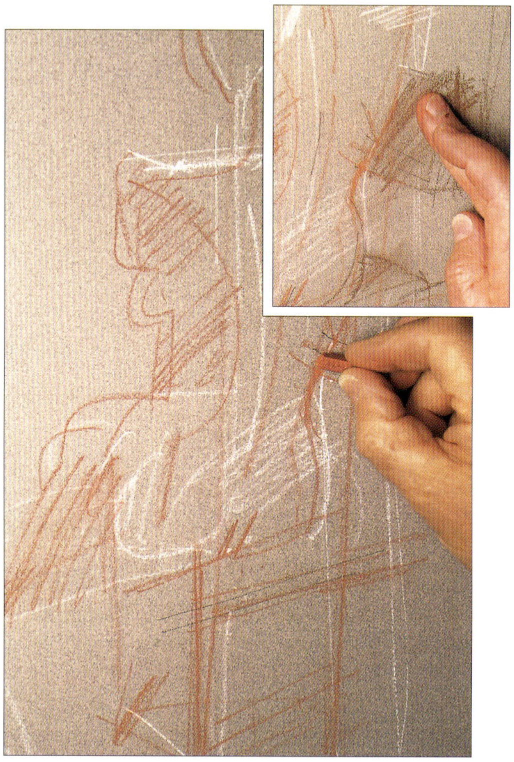

1 *Skizzieren Sie locker die Umrisse der Figur und des Stuhls. Kleines Bild: Bei dem grauen Papier mit seinen mittleren Tonwerten, kann man sowohl von Hell nach Dunkel wie umgekehrt arbeiten. Bei Pastelltönen kann man Tonwerte sofort anlegen. Hier glätte ich einen Ton, den ich vorher an der Rückenlehne einskizziert habe.*

2 *Meine Aufmerksamkeit galt hier der deutlichen Linie, die von der linken Schulter des Modells zur Taille verläuft. Ich betonte diese Linie mit einem tiefen halbkreisförmigen Schatten in Rötel. Diese Linie bildete den Angelpunkt der ganzen Zeichnung.*

3 *Nun skizzierte ich den Rücken mit Weiß und Neapelgelb. Dieser helle Ton läßt die Figur deutlich nach vorne treten. Dann konzentrierte ich mich auf die Tonwerte der Figur. Mit Sepiakreide zeichnete ich die dunklen Stellen im Haar sowie den halbkreisförmigen Schatten auf dem Rücken ein.*

Die Schulterblätter sind in hellen Tönen gezeichnet.

Ein Halsband hilft bei der Formgebung des Nackens.

Ein deutlicher halbkreisförmiger Schatten ist der Schlüssel zu dieser Pose.

Die fertige Zeichnung

Die Form des Rückens schien mir zum Schluß zu schwach geraten. Daher überarbeitete ich die Schulterblätter mit Weiß und Neapelgelb. Das linke Bein war zwar für die Pose nicht so wichtig, doch schuf der Winkel zwischen Schenkel und Wade einen schönen Kontrast zu den geometrischen Winkeln des Stuhls. Mir gefiel auch der gewölbte Fuß, und deshalb hob ich ihn am äußeren Knöchel und an der Achillessehne hervor.

Angespannte Figur

Die angespannte Figur mit sich deutlich abzeichnenden Muskelgruppen unter der Haut ist eines der bemerkenswertesten Motive des Aktzeichnens.

Bei einer Sitzung mit entspannten, leichten Posen lohnt es sich, auf dynamischere Varianten zu achten, die das Modell unbewußt in den Pausen oder beim Wechsel von einer Position zur anderen einnimmt. Sie länger zu halten, ist oft schwierig. Manchmal sieht man jedoch eine schwierige Pose, wie die hier gezeigte, die von einem bereitwilligen Modell immerhin für eine kurze Zeit gehalten werden kann.

Hier sehen Sie eine dieser Posen. Obwohl Hüfte und Beine verhältnismäßig entspannt sind, wird im Rumpf und in den abgestützten Armen eine deutliche Muskelspannung erkennbar. Da die Arme nicht ganz ausgestreckt sind, war die Pose ziemlich schwierig zu halten, und das Modell mußte oft Pausen einlegen. Die Kontaktpunkte auf dem Boden habe ich markiert, damit die Pose nach jeder Pause wieder richtig eingenommen werden konnte.

In dieser Übung verwendete ich Oilbars (dicke Ölstifte) für die Tonwerte, in die ich dann mit Graphitstift hineinzeichnete. Oilbars können ohne Vorbereitung auf jeder Fläche verwendet werden, in diesem Fall auf Zeichenkarton. Man kann sie außerdem leicht bearbeiten. Dazu genügt ein in Terpentinersatz getauchter Lappen, mit dem man die Ölfarbe verteilt und die Graphitzeichnung auf der Ölmalfläche auswischt.

Material

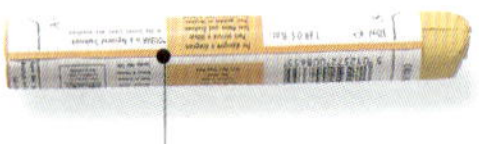

Oilbars in verschiedenen Farben

Graphitstift

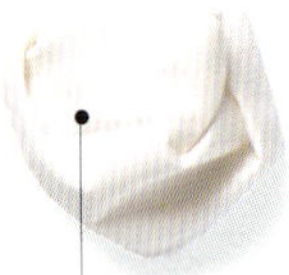

Lappen

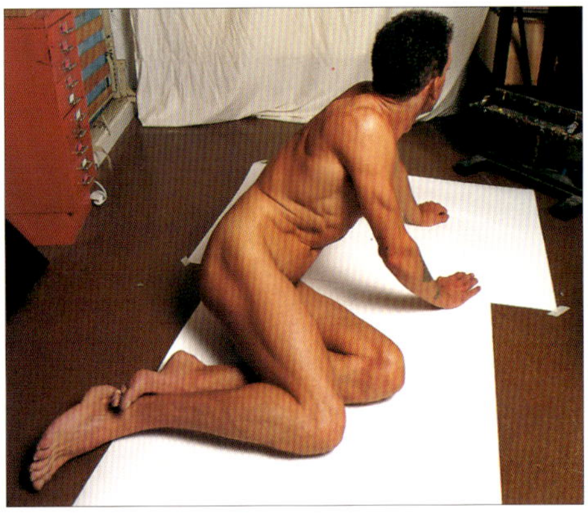

Zur Pose

Die Spannung dieser Pose liegt vor allem im Rumpf und in den Armen. Deutlich sind der Deltamuskel der Schulter, der Trizeps und Bizeps im Arm und der Sägemuskel im Rücken zu sehen.

1 *Mit einem hellgrauen Oilbar habe ich die Hauptformen einskizziert. Kleines Bild: Mit einem sauberen Lappen verrieb ich die Farbe und schuf erste Tonwerte im Torso und in den Armen und Beinen. Wenn die Ölfarbe schon zu fest ist, kann man sie mit etwas Terpentinersatz wieder aufweichen.*

2 *Mit Orange wurden die Umrisse und die wichtigsten Körperflächen skizziert. Beachten Sie, wie die Fußsohle des rechten Fußes in einer Linie mit dem Rücken verläuft.*

3 *Auch die orangenen Linien wurden mit einem Lappen zu Tonflächen verwischt. In dieser Phase sehen diese Flächen eher wie abstrakte Farbfelder aus. Doch habe ich mich immer wieder auf die Helldunkel-Modellierung des Modells bezogen.*

4 *Mit Graphitstift habe ich dann den Umriß des Oberkörpers neu gezeichnet. (Das läßt sich ganz einfach machen, auch wenn die Ölfarbe noch nicht ganz trocken ist.) Die schattigen Flächen wurden mit Oilbar überarbeitet.*

5 *Immer wieder wechselte ich zwischen orangefarbenem Oilbar und Graphitstift, um die Spannung in den deutlich hervortretenden Muskeln wiederzugeben.*

6 *Als nächste Farbe verwendete ich Siena natur, um die Tonwerte des Körpers zu verstärken. Zusammen mit Orange gibt diese Farbe sehr gut die Wärme der sonnengebräunten Haut wieder. Dann zeichnete ich erneut mit dem Graphitstift in die Ölfarbe.*

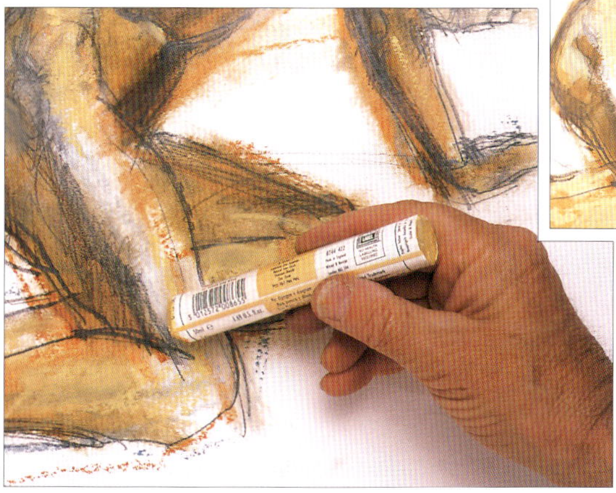

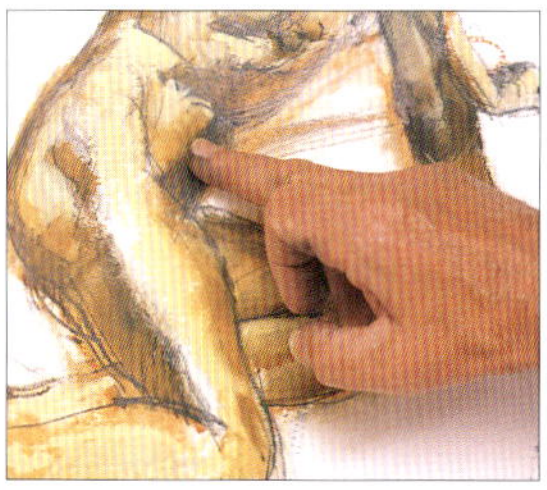

7 *Da Ölfarbe deckend ist, kann man zu dunkel geratene Stellen leicht mit helleren Farben überarbeiten. Auf Schenkel und Hüfte, aber auch auf Schulter und Arm verwendete ich deshalb Neapelgelb.* Kleines Bild: *Ölfarbe und Graphit verwischte ich diesmal mit meinem Finger statt mit dem Lappen, um beides besser zu vermischen.*

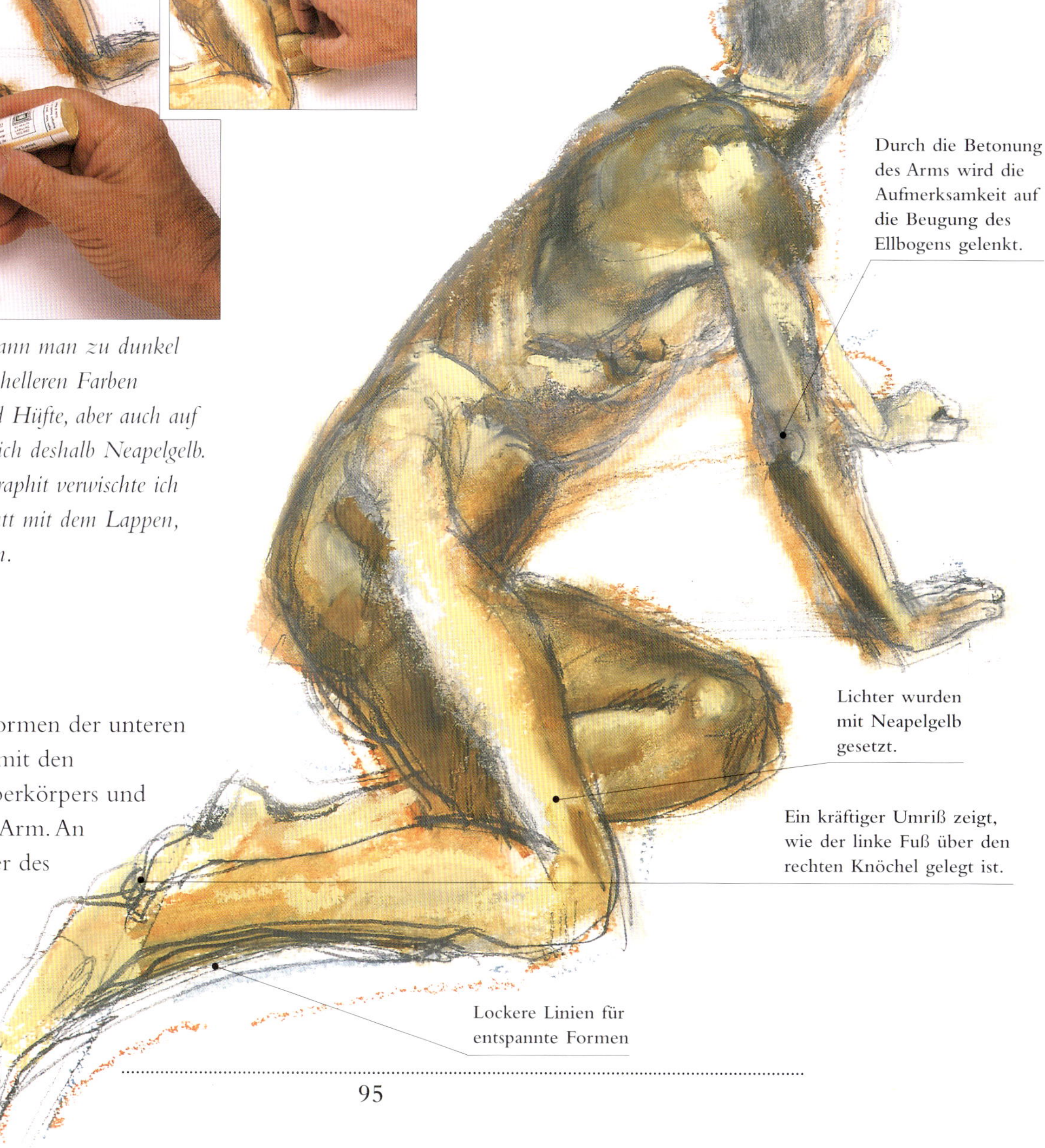

Die fertige Zeichnung

Die entspannten, runden Formen der unteren Körperhälfte kontrastieren mit den gespannten Formen des Oberkörpers und dem angespannten rechten Arm. An der hochgezogenen Schulter des Modells erkennt man den verdeckten linken Arm.

STEHENDE FIGUR

Wie schon in dem Kapitel über das Gleichgewicht (S. 78-79) gesagt wurde, muß man bei einer stehenden Pose zuerst darauf achten, wie das Körpergewicht verteilt ist. Liegt das Gewicht mehr auf dem rechten oder auf dem linken Bein oder irgendwo dazwischen? Eine vertikale Linie (gezeichnet oder nur vorgestellt) vom Nacken zum Boden ist sehr nützlich, um das Zentrum der Schwerkraft bei einer aufrecht stehenden Pose ausfindig zu machen. Überprüfen Sie immer die Position des Kopfes in Relation zum Boden. Selbst in einer übertriebenen, vorwärtsgebeugten Haltung ist das ein wichtiger Schlüssel zum Wesen und zur Balance der Pose.

Um die Figur in der aufrechten Haltung überzeugend darstellen zu können, sollte man die Bodenfläche, auf der die Figur steht, leicht mitskizzieren.

MATERIAL

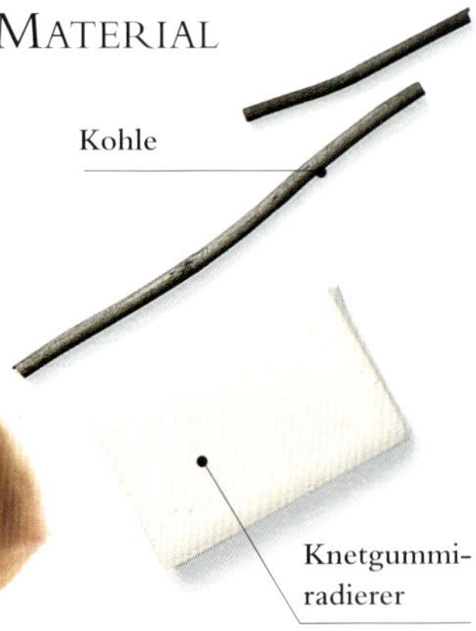

Zur Pose
In dieser Pose scheint das linke Bein das ganze Körpergewicht zu tragen. Beachten Sie jedoch, daß der Kopf nicht genau über der Ferse des Standbeins liegt, sondern ein wenig nach innen verschoben ist, wie eine Vertikale zeigen wird. Das heißt, daß etwas Gewicht auch auf dem gebeugten, rechten Bein ruht.

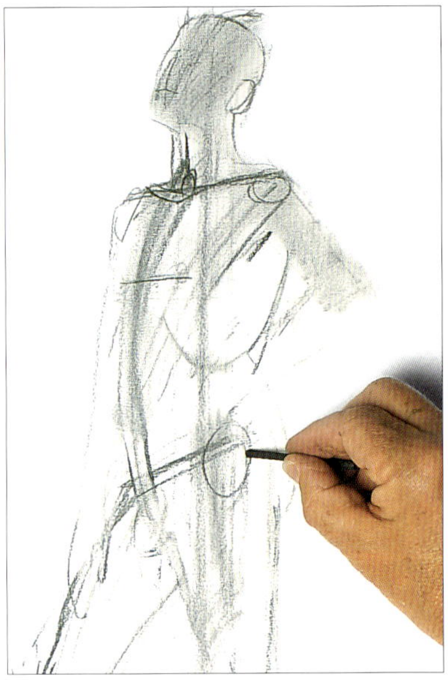

1 *Zeichnen Sie zuerst eine vertikale Linie, um die Position des Kopfes in Relation zum Boden zu kennzeichnen. Dann zeichnen Sie mit kräftigen Linien die Kurve des Rumpfes und die Neigung des Beckens sowie der Schultern ein. Ich habe den Körper sowohl mit Hilfe einer Umrißlinie als auch durch Tonwertflächen definiert.*

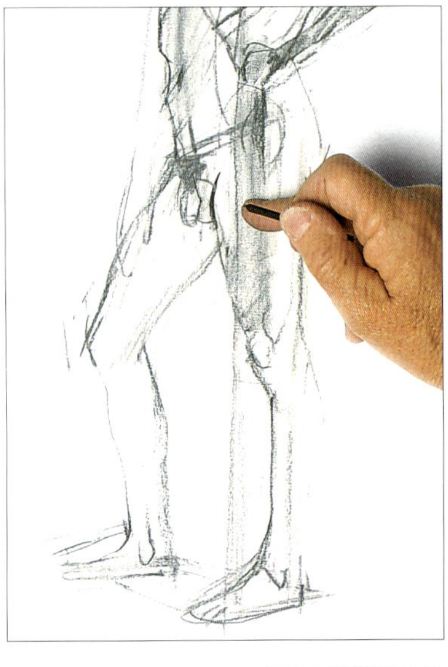

2 *Um diese Pose überzeugend darzustellen, muß man das Standbein betonen. Hier habe ich die Kohle (fast genau entlang der vertikalen Achse) verwischt, um die Kraft und Festigkeit des Beines zu betonen.*

3 *Zeichnen Sie die Hauptformen so lange weiter, bis die Figur richtig steht. Die Vertikale als Zentrum der Schwerkraft ist immer noch sichtbar. Nun müssen Sie die Figur zunehmend deutlicher definieren, vor allem in der Beckenzone, und mit Hilfe von Licht und Schatten verstärken.*

4 *Schraffieren Sie die Vorderseite des Körpers und den linken Arm, die im Schatten liegen. Lichter können Sie mit dem Radierer erzeugen. Durch die Aufhellung der Hüfte tritt das Gelenk in den Vordergrund.*

5 *Überprüfen Sie nun die Zeichnung. Die Wölbung des Rumpfes erscheint etwas übertrieben. Doch das schadet nichts, wenn dadurch die Pose überzeugender wirkt. Die ursprünglichen Konstruktionslinien wurden verwischt und verschwinden während des Zeichnens mit Kohle ganz.*

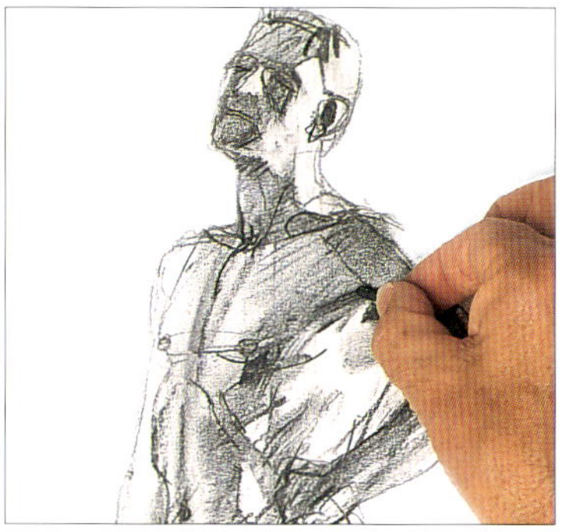

6 *Zum Schluß habe ich die beobachtete Bewegung und Gegenbewegung noch einmal verstärkt zur Geltung gebracht. Betont wurde, wie die Brust des Modells in die Schulter übergeht – und zwar fast als eine Fläche.*

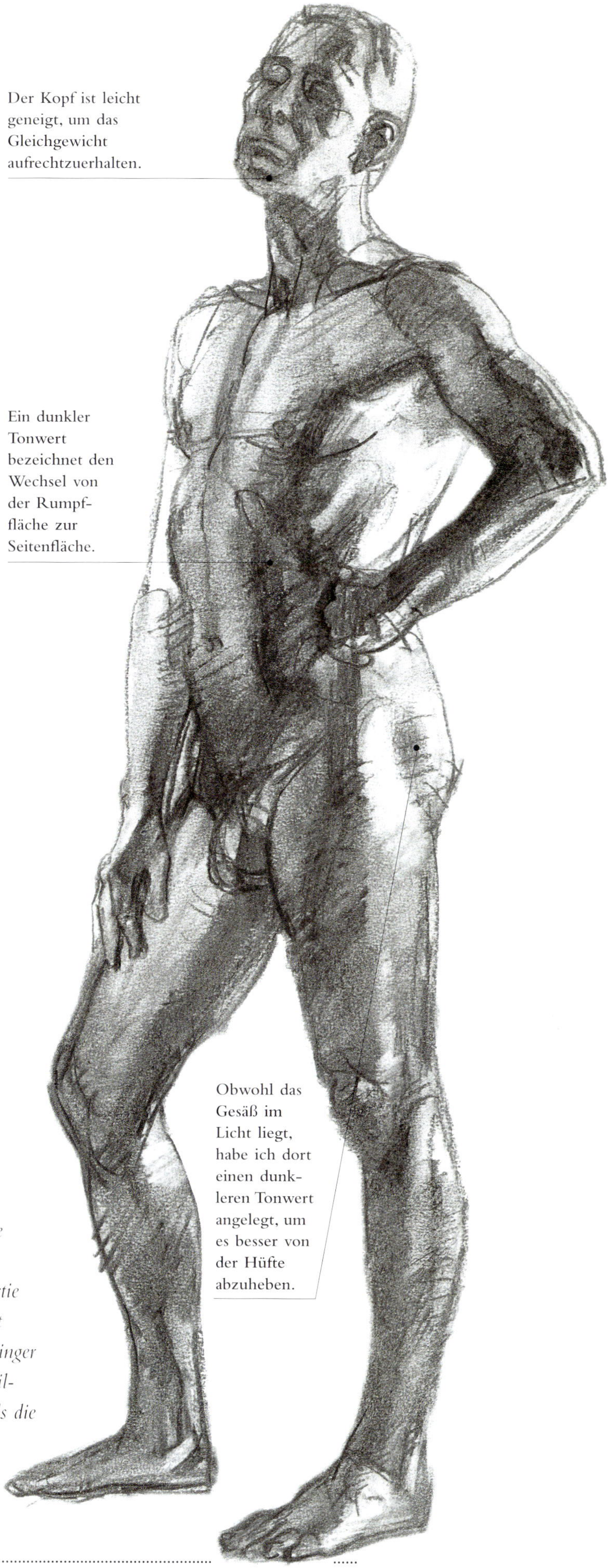

Die fertige Zeichnung

Am Ende habe ich das linke Standbein verstärkt und die vereinfachte untere Bauchpartie überarbeitet. Man kann jetzt überlegen, ob man Zehen, Finger und Gesichtszüge noch detaillierter darstellen möchte. Falls die Wiedergabe der Pose dadurch klarer wird, sollte man es tun. Andernfalls ist es besser, jetzt aufzuhören.

Gestellte Gruppe

Im Idealfall läßt man mehrere Modelle für eine Gruppe posieren. Diesen Luxus kann sich der Amateur sicher nicht leisten. Also läßt man ein Modell mehrere Posen einnehmen und bildet daraus die Gruppe.

Um eine Figurengruppe nur nach einem Modell zeichnen zu können, braucht man bestimmte Richtlinien zur Positionierung jeder Pose, damit zwischen den einzelnen Figuren im fertigen Bild genügend Raum bleibt. Nach jeder Pose sollte man die Fußstellung markieren, so daß die nächste Pose im richtigen Abstand erfolgen kann. Wenn nur stehende Posen verwendet werden, sollte man auch die Stellung des Kopfes vor dem Hintergrund markieren, um die relative Größe festzuhalten. Um eine Gruppe stehender, sitzender und liegender Figuren zu zeichnen, sollte man die ungefähre Größe festlegen, indem man die Größe der Köpfe oder anderer Körperteile miteinander vergleicht. Ich habe mich hier an einer Fotografie der berühmten Skulptur „Die Bürger von Calais" von Auguste Rodin orientiert, die sechs stehende Figuren in dramatischen Posen zeigt. Man muß natürlich solche Vorlagen nicht unbedingt verwenden. Sie sind aber ein guter Ausgangspunkt.

Material

Kohle

1 Kohle ist ein gutes Medium, um komplizierte Figurengruppen zu zeichnen, da man leicht Veränderungen vornehmen kann. Die erste Figur – möglicherweise die dem Betrachter am nächsten stehende – darf von den folgenden nicht überdeckt werden. Diese Figur sollte mit Hilfe von Umrißlinien und Tonwerten ausgearbeitet werden.

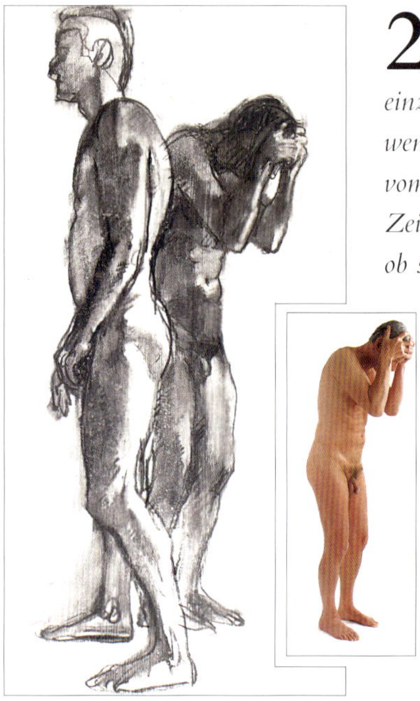

2 Nun bitten Sie das Modell die zweite Position einzunehmen. Das sollte ein wenig abseits und weiter entfernt vom ersten Standort sein. Zeichnen Sie diese Figur so, als ob sie sich hinter der ersten befände. Die kräftige Kontur der ersten Figur macht den Raum zwischen den beiden Körpern deutlich.

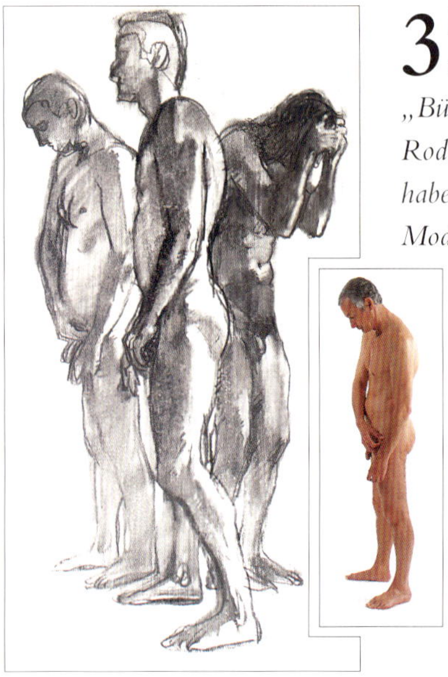

3 Die dritte Pose arrangierte ich nach meiner Vorlage, den „Bürgern von Calais" von Rodin. Wenn Sie keine Vorlage haben, bitten Sie einfach Ihr Modell irgendeine neue Pose in einem bestimmten Abstand von den markierten Fußstellungen einzunehmen. Ordnen Sie dann die neue Figur unter Berücksichtigung der Fußmarkierungen in die Gruppe ein.

4 Die vierte Figur war die letzte, die ich der dicht beieinander stehenden Vordergrundgruppe hinzugefügt habe. Sie wird von den anderen drei Figuren fast ganz verdeckt. Um sie von der dritten Figur zu unterscheiden und um räumliche Tiefe anzudeuten, habe ich diese Figur in einem helleren Grauton gezeichnet.

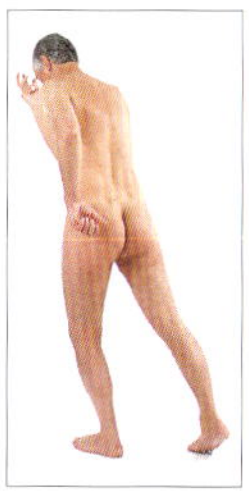
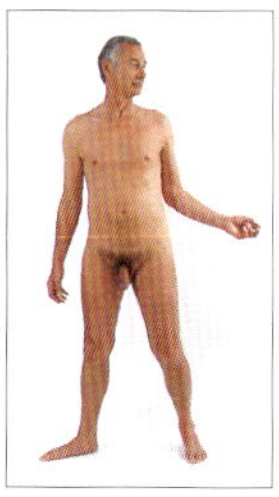

5 Die Figuren 5 und 6 sind in meiner Fotovorlage von der übrigen Gruppe getrennt. Zuerst skizzierte ich die zweite Figur von links grob ein, um einen Anhaltspunkt für die Position der Figur ganz links zu haben.

6 Nun ist die Gruppe fast vollständig. Ich zeichnete noch den Sockel, um die Bodenfläche zu verdeutlichen. Man kann das noch fortsetzen und z.B. einen kompletten Raum mit Möbelstücken hinzufügen.

Die fertige Zeichnung

Die am weitesten entfernt stehende Figur wurde am hellsten gezeichnet, um räumliche Tiefe anzudeuten. Durch die Schatten werden die Figuren gut im Boden verankert. Wenn Sie mit einer Figur unzufrieden sind, bitten Sie das Modell, diese Pose noch einmal einzunehmen, und überarbeiten Sie dann die Figur oder wischen Sie sie ganz aus und fangen Sie von vorne an.

Lockere Gruppe

Interessante Figurengruppen umgeben uns ständig im täglichen Leben, und ein guter Künstler wird immer auf sie achten. Eine Familie beim Fernsehen stellt z.B. eine Gruppe mit gemeinsamer Ausrichtung und einer oft wunderbaren Mischung aus entspannten und aufmerksamen Posen dar.

Man kann nicht erwarten, daß eine lockere Gruppe für immer still sitzen bleibt. Machen Sie also schnell einige Skizzen der verschiedenen Positionen. Wenn Sie Familie oder Freunde zeichnen, können Sie jeden einzelnen bitten, die Pose so lange zu halten, bis Sie mit dem Zeichnen fertig sind. Überprüfen Sie anhand Ihrer Vorzeichnung die Komposition sowie die Verteilung von Licht und Schatten und versuchen Sie ein Bildzentrum festzulegen. Das kann natürlich genau in der Mitte der Komposition sein. Spannender ist es aber, wenn es etwas seitlich verschoben liegt. Statt einer Zeichnung kann man auch ein Polaroidfoto als Vorlage benutzen. Bei Innenraumaufnahmen muß man allerdings ein Blitzlicht verwenden, was dazu führt, daß man, was Lichteinfall oder Tonwert angeht, keine Anhaltspunkte mehr hat.

Material

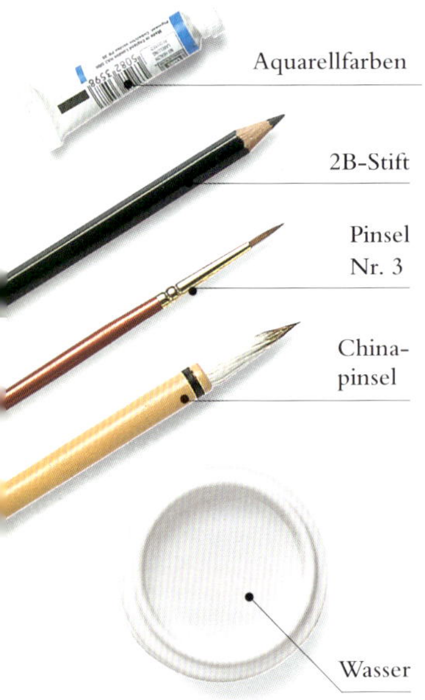

Zur Pose

In dieser locker versammelten Gruppe liegt das Bildzentrum in einem Kreis, der die Köpfe des rechts sitzenden Mädchens und ihres Bruders einschließt. Das Auge wird dann ganz automatisch zu dem zweiten Motiv, dem ausgestreckt liegenden jüngeren Mädchen, weitergeleitet.

1 *Nach einigen Skizzen für die Komposition sollten Sie die am nächsten sitzende Figur der Gruppe bitten, die Position für eine Weile zu halten. Zeichnen Sie diese Figur so genau wie möglich. Ich habe auch die Falten der Kleidung und die Tonwertflächen am Kopf eingezeichnet.*

2 *Diese Figur muß vollendet werden, bevor man zur nächsten übergeht. Zuerst legte ich eine helle Lavierung für Gesicht und Arme an, und dann nahm ich eine zunächst hellrote Farbe für die Hosen.*

3 *Nach dem Auftrag von zwei und an manchen Stellen drei Lavierungen beschloß ich, daß diese Figur fertig ist. Das erste Modell kann nun die Gruppe verlassen.*

4 *Nun gehen Sie zur nächsten Figur über und zeichnen diese genauso sorgfältig. Fügen Sie auch, wie hier, etwas vom Hintergrund ein. Lassen Sie aber noch genug Platz für die dritte Figur.*

5 *Wieder legte ich Gesicht und Hände zuerst farbig an. Dann malte ich die orangenen Rechtecke des Hemdes aus, wobei ich die weißen Streifen dazwischen aussparte.*

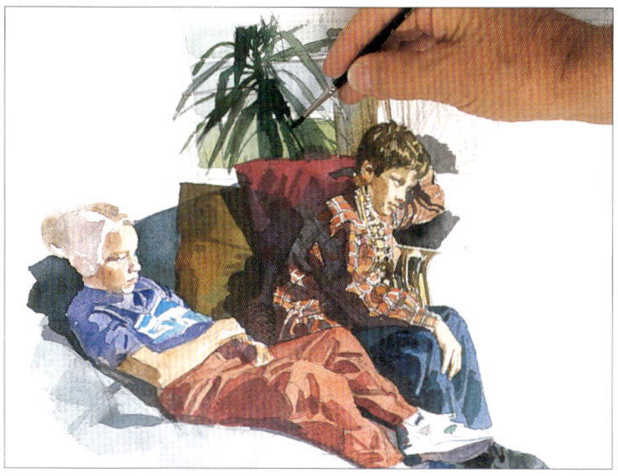

6 *Während ich den Jungen fertig malte, arbeitete ich auch weiter am Hintergrund. Wenn man mit dem Hintergrund bis zum Schluß wartet, wird die Beurteilung der Tonwerte in der Komposition immer schwieriger.*

7 *Die letzte Figur und der Rest des Hintergrundes wird mit Bleistift eingezeichnet. Wenn die letzte Figur festgelegt ist, sollte man überlegen, wieviel man noch vom Hintergrund in die Komposition hineinnehmen will.*

8 *Um Farbe und Tonwert des hell beleuchteten Mädchens auf dem Boden besser einschätzen zu können, malte ich zuerst die größeren Flächen auf der rechten Seite der Komposition aus.*

9 *Kurz vor der Fertigstellung arbeitet man am besten abwechselnd an der letzten Figur und an der Gesamtstruktur des Bildes.*

Die fertige Zeichnung

Zum Schluß setzte ich ein dunkles Blauschwarz auf die Wand, was ein olivgrünes Muster ergab, deutete das Teppichmuster an und intensivierte den Ton des Stuhls. Versuchen Sie Ihre Gruppe noch einmal zum Stillsitzen zu bewegen, um letzte Korrekturen vornehmen zu können.

Bekleidete Figur

Kleidung liegt oft wie eine zweite, unelastische Haut am Körper. Um sie wiedergeben zu können, sollte man genau auf den Faltenwurf achten und beobachten, wie sie dem Körper darunter folgt.

Wenn eine bekleidete Figur sich bewegt, folgen die Kleidungsstücke dem Körper, so gut es geht. Der Ärmel bleibt z. B. glatt und faltenlos bei ausgestrecktem Arm. Sobald der Arm gebeugt wird, faltet sich der Stoff an der Innenseite und dehnt sich an der Außenseite. Das gleiche passiert bei einem Hosenbein oder einem anderen enganliegenden Kleidungsstück.

Bei jeder Bewegung des Modells verändern sich zwar die einzelnen Falten, es ändert sich jedoch nichts an der Art und Weise, wie das Material generell auf Druck reagiert. Versuchen Sie nicht einfach nur Stoffalten abzuzeichnen, sondern machen Sie sich mit dem Material und seiner Reaktion auf die Körperbewegung vertraut.

Außer bei hautenger Kleidung reagiert der Stoff natürlich auch auf die Schwerkraft, wie in diesem Beispiel an den Enden der Hosenbeine und den Seiten der Jacke deutlich wird. Mit diesem Aspekt beschäftigen wir uns auf S. 104 eingehender.

Material

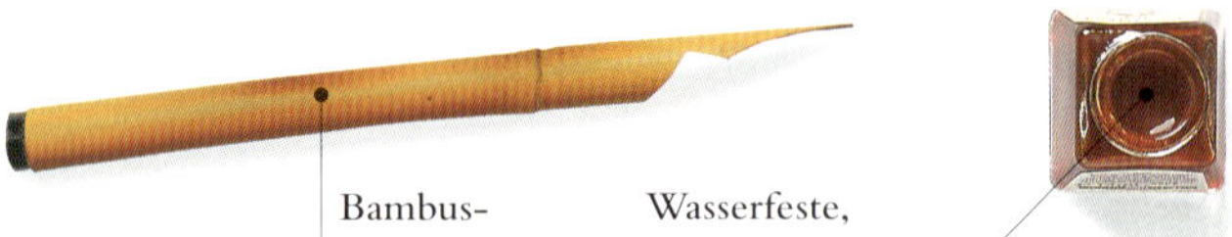

Bambus-feder

Wasserfeste, farbige Tuschen

Zur Pose
Bei einem sitzenden Modell mit angewinkelten Armen wird der Kontrast zwischen glattem und faltigem Stoff am besten deutlich. Achten Sie hier auf die Spannungsfalten, die vom Ellbogen ausgehen, und auf den Kontrast zwischen glattem Jeansstoff an den Schenkeln und Falten an den Seiten.

1 *Zuerst zeichnete ich die wichtigsten Formen des Kopfes mit verdünnter gelber und orangener Tusche. Man sollte immer erst mit verdünnter Tusche vorzeichnen, um diese Linien später mit stärkeren Farben korrigieren zu können.*

2 *Mit verdünnter Tusche entwickelte ich den Kopf weiter. Tupfen Sie tropfende Tusche mit einem Papiertuch ab. Sobald Sie mit dem Entwurf zufrieden sind, setzen Sie natürlichere Farbtöne ein. Testen Sie diese stärkeren Farbwerte aber zunächst auf einem Stück Papier.*

3 *Bevor Sie den Kopf fertig gezeichnet haben, sollten Sie den Körper skizzieren. Die Beine ließ ich noch aus, weil ich sie in blauer Tusche wiedergeben wollte.* Kleines Bild: *Nun nahm ich Braun und Schwarz für die Jacke. Beachten Sie, wie sich der Stoff über Schultern und Ellbogen spannt, aber in der Innenbeuge faltet.*

4 *Jetzt konnte ich die ganze Pose deutlich genug erkennen, um die Beine mit verdünnter Tusche anzugeben. Kleines Bild: Dann baute ich die Formen des Oberkörpers mit kräftigeren Farben weiter auf.*

5 *Nachdem ich die negativen Formen zwischen Beinen und Stuhl überprüft hatte, verstärkte ich die Form der Jeans. Wie bei den Jackenärmeln paßt sich der Jeansstoff den angewinkelten Beinen des Modells an, indem er sich dehnt und Falten wirft. Versuchen Sie die wichtigsten Stellen der Spannung zu erkennen und exemplarisch wiederzugeben.*

Die fertige Zeichnung
Zum Abschluß fügte ich noch die Schuhe und den Unterbau des Stuhls hinzu. Achten Sie darauf, daß die beiden Füße und die Rollen des Stuhls auf der gleichen visuellen Ebene liegen. Versuchen Sie in dieser Übung Ihren Zeichenstil der lockeren Kleidung des Modells anzupassen. Zeichnen Sie mit fester Feder die scharfen Falten, lockern Sie aber den Strich immer da, wo der Stoff in weichen Falten fällt.

Locker bekleidete Figur

Genau wie enganliegende Kleidung paßt sich auch ein locker fallendes Gewand den Körperbewegungen an, wobei es aber stärker auf die Schwerkraft reagiert.

Figuren in wallenden Gewändern können ausgesprochen anregende Motive sein. Wenn der Stoff frei herunterfällt, folgen die Falten der Lotrechten. Berührt der Stoff sogar den Boden, entstehen neue Falten. Die genaue Beschaffenheit dieses Faltenwurfs variiert je nach Stoffart und -gewicht. Man muß dabei das Verhalten der verschiedenen Materialien in Betracht ziehen. Einige Stoffe kleben seidenartig am Körper, einige legen sich nur widerstrebend in Falten, während andere wiederum prachtvolle, fast lebendig wirkende Falten werfen.

Versuchen Sie diese stofflichen Qualitäten zu „erfühlen" und drücken Sie sie in einem jeweils besonderen Zeichenstil aus. Achten Sie also genau auf die unterschiedliche Weise, wie das Material fällt, wenn es durch den Körper gespannt wird bzw. wenn es frei fällt. Lassen Sie Ihr Modell eine Pose einnehmen, bei der das Gewand sowohl frei fällt als auch an einigen Stellen Falten wirft.

Material

Eine Auswahl an Conté-Stiften

Zur Pose

Diese Pose sollte den Kontrast zwischen dem bauschigen Material, das durch den Körper gespannt wird, und dem lockeren Faltenwurf des Kleides zeigen. Um die Auswirkungen der Schwerkraft noch deutlicher zu machen, kann das Modell auch ein Bettuch umlegen.

1 *Auf getöntem Papier können die ersten Striche auch mit einer hellen Farbe gemacht werden. Der hier verwendete cremefarbene Stift setzt sich gut von dem grauen Grund ab und kann später mit anderen Farben leicht überdeckt werden.*

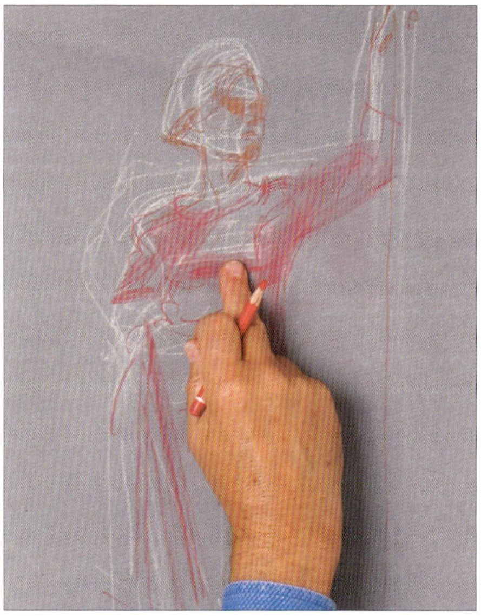

2 *Das Gesicht wurde mit Siena gebrannt, das Kleid mit einem hellen Rot gezeichnet. Die Farben wurden dann mit dem Finger verrieben, um Tonwerte zu schaffen und die Vorzeichnung zu überdecken.*

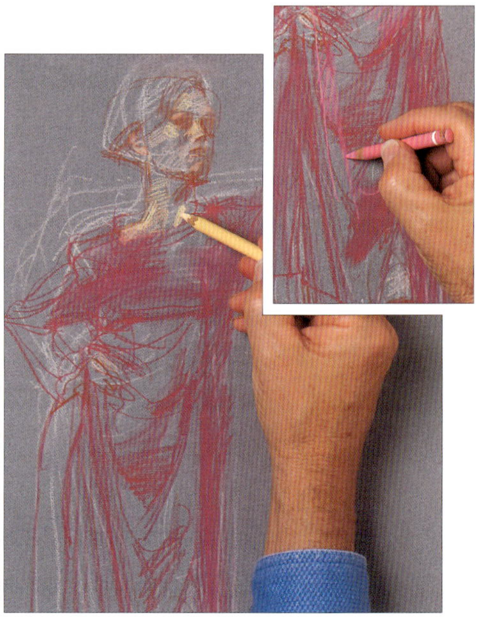

3 *Mit einem gelben Stift wird das Gesicht modelliert. Der Kopf sollte zuerst fertig gezeichnet werden, da er für die Balance der stehenden Pose wichtig ist.* Kleines Bild: *Den weich fallenden Stoff habe ich dann mit einem hellen Rosa eingezeichnet.*

4 *Um die Spannung des Stoffs über der Brust zu betonen, habe ich Purpur verwendet. Mit dieser Farbe wurden auch die dichten Falten des hochgestreckten Arms und die lockeren Schüsselfalten über dem Bauch gezeichnet.*

5 *Nun geht es an den wundervollen Fall des Kleides. Wenn Ihnen ein Faltenwurf deutlich auffällt, markieren Sie ihn auch deutlich, als ob Sie den Stoff mit dem Stift herunterziehen.* Kleines Bild: *Die Modellierung auf dem Gesicht erfolgte mit hellem Rosa.*

Die fertige Zeichnung
Die Haltung des rechten Arms wurde im Vergleich zur Fotovorlage verändert. Das kann schon passieren, da ein Modell kaum genau die gleiche Haltung nach der Pause wieder einnimmt. Das ist aber kein Problem, solange die Hauptrichtung der Pose noch stimmt.

Figurenstudie mit Interieur

Das Zeichnen einer Figur und ihrer Umgebung erfordert einige Vorplanung. Man muß nicht nur überlegen, welche Pose eingenommen werden soll, sondern auch welche Verbindung die Figur zu ihrer Umgebung hat, die als Interieur mitgezeichnet werden soll.

Vor dem eigentlichen Zeichnen einer Figur vor einem Hintergrund sollte man verschiedene Arrangements ausprobieren. Bitten Sie das Modell, eine bequeme Pose einzunehmen. Achten Sie darauf, in welchem Verhältnis die Form des Körpers zum Umfeld steht. Wenn die Komposition gelungen scheint, machen Sie davon am besten ein Polaroidfoto. Dann lassen Sie das Modell eine andere Pose einnehmen oder bitten es, im Raum umherzugehen, bis Sie eine geeignete Pose finden. Das sollten Sie so lange machen, bis alle zufrieden sind und Maler und Modell entspannt an die Arbeit gehen können.

Es ist schwierig, eine gute Komposition zu finden. Dabei kann ein Motivsucher helfen, der aus einem Stück Karton besteht, in den ein rechtwinkliger Ausschnitt gemacht wurde (s. S. 47). Dadurch wird der Blick auf das Arrangement der Formen und Farben innerhalb des Rahmens gelenkt. Schauen Sie sich alle Formen, positive wie negative, genau an. Schließen Sie dann halb die Augen, um sich auf die Helldunkelwerte zu konzentrieren.

Für diese Übung verwendete ich ein warmes, beigefarbenes Pastellpapier, das gut zu den Hautfarben paßte und zu den kühleren Tönen einen schönen Kontrast bildete. Man braucht eine Reihe farbiger Stifte, besonders für die warmen Töne, wie z. B. hellgelbe, hellbraune, orangene, rosafarbene und rote Farbtöne. Nehmen Sie noch Schwarz und einige dunkle blaugraue und braune Töne zum Mischen dazu.

Zur Pose

Nach einigen Versuchen entschied ich mich für diese Pose. Ich mochte besonders das Zusammenspiel der Dreiecke zwischen den Armen und Beinen des Modells und dem Muster der Patchworkdecke. Durch den Bilderrahmen, die Tür und die Zimmerpflanze wird der Blick auf die Figur in der Mitte der Komposition gelenkt.

Material

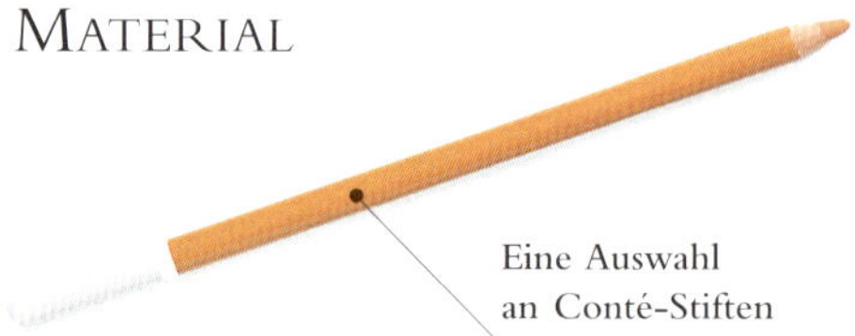

Eine Auswahl an Conté-Stiften

1 *Bei einer Figurenstudie mit Interieur muß man unbedingt die ganze Komposition vorzeichnen. Nehmen Sie dazu eine helle Farbe, wie in diesem Fall Siena natur, die später leicht abgedeckt werden kann.*

2 Halten Sie die Zeichnung in den ersten 15 Minuten ziemlich abstrakt. Achten Sie nur auf die Festlegung der wichtigsten Kompositionselemente. Es ist in dieser Phase nicht so wichtig, daß Sie den Ausdruck des Modells erfaßt, sondern daß Sie alle Formzusammenhänge richtig erkannt und skizziert haben.

3 Erst wenn Sie mit der Gesamtkomposition zufrieden sind, gehen Sie an die Details der Figur. Ich fange dabei immer mit Kopf und Nackenpartie an. Mit einem dunkelgrauen Conté-Stift stellte ich das Haar in ersten Ansätzen dar.

4 Nun legte ich die Position der Beine fest. Behalten Sie immer die Gesamtsituation im Auge, damit Sie sich nicht in Details verlieren.

5 Mit Siena natur definierte ich den Oberkörper und die Nackenpartie. Immer wieder prüfend und vergleichend setzte ich die Arbeit auch im Brust- und Schulterbereich fort.

6 Hier verreibe ich etwas Dunkelbraun am Halsansatz mit dem Finger, um eine Tonwertfläche zu schaffen.

7 Durch Verreiben einiger Schraffuren wachsen die Tonwertflächen zu größeren Formen zusammen. Falls etwas mißlungen ist, sollte man es lieber noch einmal zeichnen, als es auszuwischen. Mit Hellgelb habe ich nun die Brust und die kühleren Lokalfarben angelegt. Die wärmeren Hauttöne erhalten ein helles Rosa.

8 Der Hals wird durch eine Schattierung in Siena gebrannt verstärkt. Kleines Bild: *Zur Abschattierung legte ich hellgraue Schraffuren über das Siena gebrannt an Hals und Brust. Der daraus resultierende Mischton sollte nicht verwischt werden, sondern als optische Mischung im Auge zur Wirkung kommen.*

9 *Beenden Sie aber die Figur nicht, bevor Sie nicht mit dem Hintergrund begonnen haben. Hier wurde das Muster der Polster eingezeichnet.* Kleines Bild: *Wenn Sie die Grundformen der Komposition festgelegt haben, können Sie mit dunkleren Farbtönen weiterarbeiten. Kopf und Oberkörper habe ich, immer wieder prüfend und vergleichend, fast vollendet.*

10 *Nun fange ich an, die Umgebung der Figur zu zeichnen. Die Sofalehne erhält mit dunklem Blaugrau Form, Tonwert und Farbe. Schwarz hebe ich für spätere Akzente auf.*

11 *Nachdem die Sofalehne angelegt ist, wird auch der Arm des Modells stärker herausgearbeitet. Man muß den Betrachter davon überzeugen, daß der Arm sich richtig auf das Sofa stützt. Bedenken Sie immer, daß beide Teil derselben Form sind.*

12 *Dann zeichnete ich das Muster des Quilts ziemlich frei ein. Versuchen Sie die Verzerrungen des Musters möglichst genau wiederzugeben. So erfassen Sie gleichzeitig die Form des Sofas.*

13 *Denken Sie immer daran, daß Figur und Sofa eng aufeinander bezogen sind und auch so gezeichnet werden müssen. Treten Sie häufiger von der Zeichnung zurück, um Proportionen und Komposition zu überprüfen.*

14 *Nun wird die Vorzeichnung weiter bearbeitet. Nehmen Sie aber nicht alles als gegeben hin! Selbst beim Zeichnen des Fußes bin ich ständig einen Schritt von der Zeichnung zurückgetreten, um die richtige Stellung noch einmal zu prüfen.*

15 *Vor der Lehne des Sofas hebt sich die Form des Beines deutlich ab. Durch Einsetzen der Knöpfe des Polsters entstand eine Reihe von sechseckigen regelmäßigen Formen mit jeweils demselben Tonwert. Beachten Sie hier, wie ich meine Zeichenhand auf der linken Hand abgelegt habe, um ein Verwischen der Zeichnung zu vermeiden.*

16 *Nun stellte sich die Frage, ob ich aufhören oder weitermachen sollte. Ein zu starkes Muster auf der Decke könnte den Blick von der Figur ablenken. Daher modellierte ich nur die unmittelbar an die Figur angrenzenden Patches in Weiß und Grau.*

17 *Ich verstärkte einige Schattenflächen mit Dunkelbraun und bearbeitete die rosafarbenen Blätter der Pflanze vor dem Sofa.*

18 *Prüfen Sie nun aus der Entfernung, ob die Zeichnung noch einige Lichter braucht. Ich fügte an den Fingerspitzen etwas helles Rosa und auf der Sofalehne einige weiße Lichter hinzu.*

Die fertige Zeichnung

Beim Zeichnen einer Figur mit Interieur müssen Sie alle Teile gleichzeitig ausarbeiten. Läßt man sich zu sehr auf ein Detail ein, z. B. einen Arm oder ein Bein, verliert man die übrige Komposition leicht aus den Augen. Ich habe die Zeichnung nach links auslaufen lassen. Dadurch wird die Aufmerksamkeit auf die Figur mit dem interessanten Zusammenspiel der Texturen und Kontraste zwischen dem Modell und dem Sofa gelenkt.

Charakter & Ausdruck

Wenn Sie erst einmal das Stadium erreicht haben, in dem die Beobachtung von Struktur, Proportion und Form in Fleisch und Blut übergegangen ist, dürfen Sie auch emotionale Reaktionen Ihres Modells ins Bild einfließen lassen.

Bisher sollten Sie alle emotionalen, subjektiven und vorprogrammierten Reaktionen auf das Motiv ausklammern zugunsten einer rein objektiven Betrachtungsweise. Auch diese Methode wird natürlich durch die Herausarbeitung der Form etwas vom individuellen Charakter des Modells offenbaren. Nun können Sie aber den Blickwinkel verändern und mehr von der Persönlichkeit des dargestellten Menschen in der Zeichnung durchscheinen lassen.

Im Gesicht hat sich über die Jahre ein bestimmter Ausdruck eingegraben, der einen großen Teil der Persönlichkeit ausmacht. Suchen Sie aber auch noch nach anderen Hinweisen auf den Charakter des Menschen, den Sie zeichnen möchten: wie er sitzt oder steht, welche Kleidung er trägt, das typische Verhalten, Gesten der Hände, ob er schüchtern nach unten oder einem direkt in die Augen blickt.

Das menschliche Gesicht ist zu einer erstaunlichen Ausdrucksvielfalt fähig. Einige Emotionen sind ganz eindeutig zu erkennen, andere haben eher einen subtilen Charakter. Nur wenige dieser Emotionen bleiben aber für längere Zeit sichtbar. Daher sind sie nicht leicht zu zeichnen, außer man beschränkt sich auf den immer wiederkehrenden typischen Gesichtsausdruck eines Menschen. Andere flüchtige Emotionen sollte man auf Fotos oder im Theater bei Schauspielern beobachten und studieren.

Die Umgebung einbeziehen
Der Charakter einer Person offenbart sich oft am besten in ihrer gewohnten Umgebung. Dieser Fischer und Steuermann eines Rettungsbootes saß für mich inmitten seiner Sammlung von Erinnerungsstücken. Alle die bedeutsamen Ereignisse seines Lebens scheinen hier in der einen oder anderen Form präsent zu sein. Ich konnte nicht alle zeichnen, doch umgab ich seinen Kopf mit einigen markanten Stücken.

Lächeln oder Grimasse?
Winzige Unterschiede entscheiden oft über einen Gesichtsausdruck. Diese beiden Zeichnungen wurden nach der gleichen Vorlage gemacht, zeigen aber ganz unterschiedliche Emotionen. Um aus einem Lächeln eine Grimasse zu machen, genügt es, den Mund etwas zu erweitern und die Augen leicht zu schließen.

Lächeln mit geschlossenem Mund
Bei einem Lächeln mit geschlossenem Mund werden die Mundwinkel in einer leichten Kurve nach oben gezogen. Das ist nicht der Fall, wenn die Zähne zu sehen sind. In der Zeichnung sind die Augen offener geblieben als sonst bei dieser Art des Lächelns üblich.

Grimasse mit aufgerissenem Mund
Der aufgerissene Mund ist meist Ausdruck von Ärger oder körperlicher Anstrengung. Die zusammengezogenen Augenbrauen resultieren aus der Konzentration und können ganz verschiedene Emotionen ausdrücken, wie Erstaunen, Angst und Erschrecken.

Komik und Freude
Die flüchtigen Emotionen können sich auf die Gesichtszüge eines Menschen in vielfältiger Weise auswirken. Analysieren Sie, wie sich die einzelnen Gesichtszüge je nach Stimmung verändern.

Porträt

In einem guten Porträt sollte man nicht nur die Gesichtszüge und die einzelnen Körperteile, sondern auch etwas von Charakter und Persönlichkeit des Porträtierten wiedergeben.

Das Modell für diese Übung sollte ein ausgeprägtes, ausdrucksstarkes Gesicht haben, das etwas von der Person preisgibt und den Blick fesselt. Alte Menschen haben oft Gesichter, die das ganze Leben widerzuspiegeln scheinen. Ein jüngeres Modell trägt dafür vielleicht eine aufregende Frisur oder einen exotischen Schmuck und gibt uns damit einen Einblick in die Persönlichkeit. Ein Porträt braucht sich aber nicht auf das Gesicht allein zu beschränken. Ein Teil des Charakters drückt sich bei vielen Menschen auch in der Art zu sitzen oder in der Wahl der Kleidung aus. In solchen Fällen sollte man die ganze Figur zeichnen, um die Persönlichkeit des Menschen besser darstellen zu können.

Bitten Sie Ihr Modell, einen Punkt auszusuchen, auf den es immer wieder den Blick richten muß, wenn Sie am Gesicht arbeiten. Solange die Pose in den Grundzügen gehalten wird, darf das Modell Arme oder Beine bewegen. Halten Sie Ihr Modell durch ein nettes Gespräch bei Laune und Sie werden mit einem lebendigen Ausdruck statt einem glasigen Starren belohnt.

Material

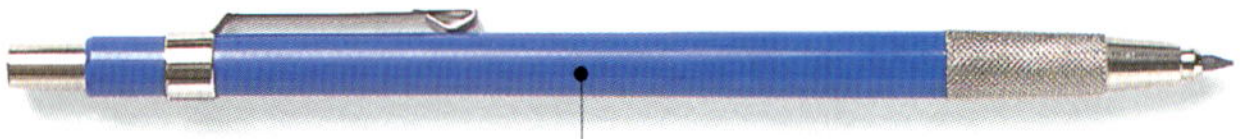

2B-Druckbleistift

Zur Pose

Die erste Vorbedingung für das Gelingen eines Porträts ist der bequeme Sitz des Modells. Diese alte Dame durfte in ihrem Lieblingsstuhl sitzen, in dem sie sich regelmäßig entspannt, um zu lesen, sich zu unterhalten, fernzusehen oder aus dem Fenster zu schauen.

1 *In diesem Fall begann ich gleich mit dem Kopf, ohne die gesamte Figur vorgezeichnet zu haben. Das ist ziemlich riskant und gelingt nur dem geübten Zeichner. Lassen Sie auf jeden Fall genügend Platz auf dem Papier übrig. Ich legte rasch die drei Ecken des Gesichtsdreiecks fest, die beiden Augen und das Zentrum des Mundes (s. Die Gesichtszüge auf S. 70-71).* Kleines Bild: *Dann zeichnete ich die Brillengläser, die das Gesichtsfeld definieren helfen.*

2 *Die Gesichtsfront ist gut beleuchtet, nur eine Seite liegt im Schatten. Das ermöglicht den Einsatz starker Tonwerte, um das Volumen des Kopfes überzeugend darzustellen. Achten Sie besonders auf die deutliche Trennlinie zwischen Hell und Dunkel. Nachdem ich einige Details im Haar hinzugefügt hatte, vollendete ich den Kopf und ging zu den Schultern und dem Stuhlrücken über.*

3 *Als nächstes gab ich dem Vorhang eine Struktur und fügte Tonwerte hinzu, um das Gesicht besser betonen zu können. Nun kann man auch den Körper frei und locker skizzieren. Überprüfen Sie immer wieder die Proportionen des Körpers in Relation zum Kopf.*

4 *Für die Falten der Kleidung verwendete ich kräftige, scharfe Linien. Mit feinerem, freierem Strich gab ich die Schattierung wieder. Das Muster des Stuhlrückens läßt die Schultern stärker hervortreten.*

Die fertige Zeichnung

Zuletzt zeichnete ich die Hände der Frau, die in ihrem Schoß ruhen. Achten Sie bei alten Leuten besonders auf die Hände. Venen, Knochen und Sehnen treten deutlich hervor und sollten auch so gezeichnet werden. Die Hände balancieren in der Zeichnung den Kopf aus und betonen die starke Diagonale der Komposition. Die Falten der Decke vermitteln einen Eindruck vom Gewicht der Arme und Hände.

SELBSTPORTRÄTS

JEDER KÜNSTLER, DER AM MENSCHLICHEN Gesicht interessiert ist, zeichnet sich selbst mindestens einmal im Leben. Für einige Künstler wurde dieses Thema zur Obsession. Rembrandt malte in seinem Leben Hunderte von Selbstporträts und gab die Spuren, die die Zeit in seinem Gesicht hinterlassen hatte, mit schonungsloser Ehrlichkeit wieder.

In vielerlei Hinsicht sind Sie selbst das beste Modell. Sie kennen das Modell schon ganz gut und sind immer verfügbar. Es gibt aber auch einige Probleme. Erstens wird die von Ihnen gesehene Ansicht genau spiegelverkehrt sein. Zweitens wird ihr Blickwinkel sehr beschränkt sein. Sie schauen immer auf jemanden, der Sie unverwandt anschaut! Das erste Problem können Sie beheben, indem Sie zwei Spiegel aufstellen und die Reflexion im zweiten Spiegel zeichnen. Leider produziert der zweite Spiegel zwei Bilder, was beim Zeichnen sehr verwirrend werden kann.

MATERIAL

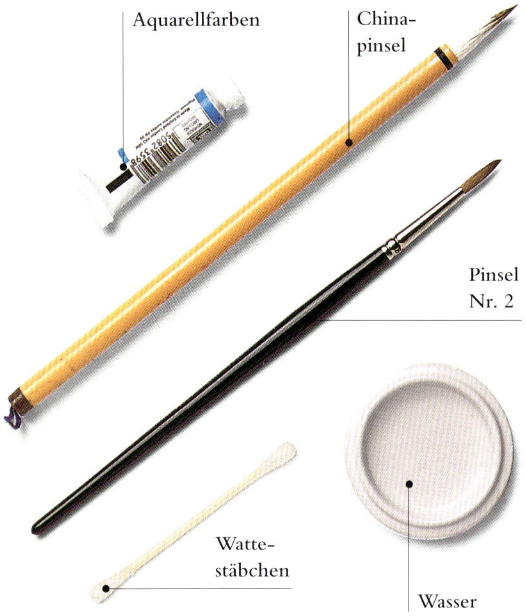

Zur Pose
Da ich nur einen Spiegel verwendete, erhielt ich ein spiegelverkehrtes Abbild von mir. Als Lichtquelle dient das Tageslicht durch Fenster und Oberlicht. Vermeiden Sie Frontalbeleuchtung, die von den Augen gespiegelt wird.

1 *Für dieses Aquarell fertigte ich keine Vorzeichnung an. Die ersten Pinselstriche sollten hier hell und in neutraler Farbe erfolgen. Sie dienen nur als Leitlinien.*

2 *Mit einer Mischung aus Siena gebrannt und Zinnober zeichnete ich die ersten inneren Formen ein, wobei ich vor allem darauf achtete, daß Handgelenk und Nase in einer Linie lagen.*

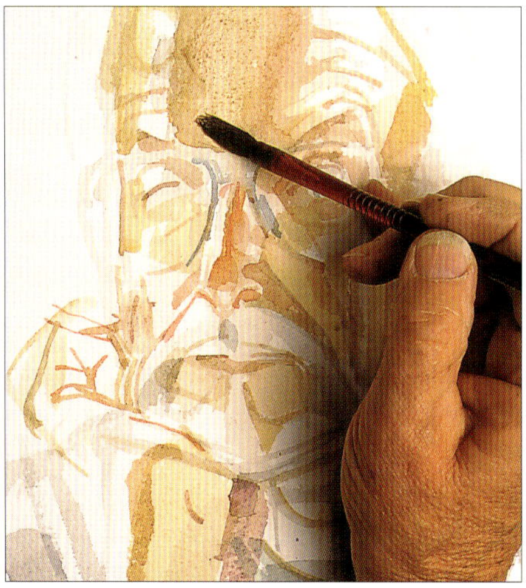

3 *Dann legte ich Lavierungen in warmem Siena natur an. Achten Sie in dieser Phase auf das Helldunkel und das Zusammenspiel von kalten und warmen Farben.*

4 *Nachdem genügend Farben und Formen aufgebaut worden sind, folgt die genaue Zeichnung der Gesichtszüge. Die Lavierungen müssen gut durchgetrocknet sein, bevor man darüberzeichnen kann.*

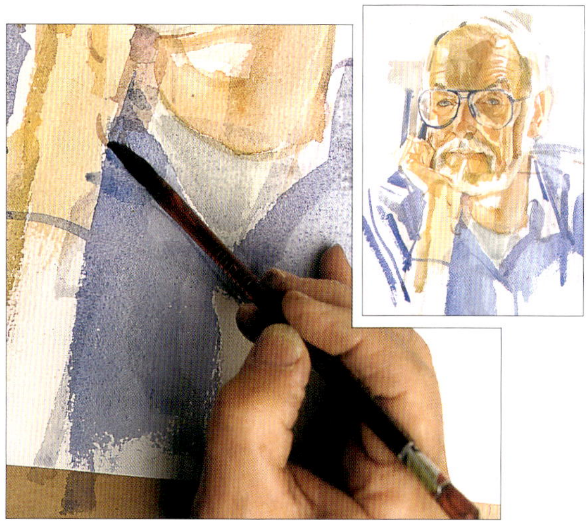

5 *Nun werden allmählich dunklere Töne eingeführt. Ich verwendete kühle Farben sowohl für die Schatten auf der Haut als auch im Haar und im Bart. Mit einem feineren Pinsel zeichnete ich die Augen ein.*

6 *Mit dem größeren Chinapinsel lavierte ich wieder das kräftige Blau des Hemdes.* Kleines Bild: *Das Hemd sollte nicht zu viele Details aufweisen. Das lenkt nur vom Gesicht ab.*

7 *Halten Sie sich bei den Augen etwas zurück. Sie sind meist nicht so hell oder groß, wie Sie denken. Hinter Brillengläsern können sie fast verschwinden.*

8 *Machen Sie nun eine Pause und überprüfen Sie Ihr Porträt mit neuer Aufmerksamkeit. Ich bemerkte noch einige Stellen, wo der Lichteinfall nicht deutlich wurde. Beim Aquarell lassen sich solche Stellen leicht mit einem in Wasser getauchten Wattestäbchen auswaschen.*

Die fertige Zeichnung

Nachdem ich die ausgewaschenen Stellen übermalt hatte, dunkelte ich den ganzen Hintergrund ähnlich wie im Spiegelbild ab. Dadurch konnte ich den Umriß des Kopfes noch leicht korrigieren. Der dunkle Tonwert unterstrich die Plastizität. Eine kräftige Hintergrundfarbe ist nötig, um die Kontur meines weißhaarigen Kopfes zu definieren.

AUFFÄLLIGE KLEIDUNG

In manchen Sitzungen wird eine auffällige Kleidung genutzt, um auf den Charakter des Modells zu verweisen. In anderen Fällen nutzt der Künstler die Kleidung, um einfach Spaß zu haben und um ein Bild voller Farbe und interessanter Muster zu schaffen.

ES KANN GROSSEN SPASS machen, ein Porträt zu zeichnen, in dem der Kopf von einem riesigen Hut oder anderen Accessoires überragt wird. Auch dafür gibt es in der Kunstgeschichte genügend Belege. Rembrandt beispielsweise liebte es, sich für seine Selbstporträts herauszuputzen. Schauen Sie sich auch einmal die Porträts des österreichischen Malers Gustav Klimt an, bei denen Kopf und Hände aus einem verschlungenen Ornament auftauchen, das oft ansatzweise auf das Kleid zurückgeht, das das Modell tatsächlich getragen hat. Edouard Manet malte Berthe Morisot mit einem Fächer, der fast ihr ganzes Gesicht verdeckt.

Sie können sich doch auch einmal einen ähnlichen Spaß machen, indem Sie Ihr Modell mit großen bunten Tüchern verkleiden. Nehmen Sie dazu noch einen Hintergrund, der mit den Stoffmustern entweder farbig harmonisiert oder völlig in Kontrast dazu steht. Das Ganze muß nicht geschmackvoll oder modisch sein, sondern sollte den Künstler einfach vor eine spannende Aufgabe stellen.

1 *Mit einer Bambusfeder und roten, orangenen und schwarzen Tuschen zeichnete ich rasch die Hauptformen von Figur und Stuhl. Am Anfang sollte man die Tusche stark mit Wasser verdünnen, um sie später leichter überdecken zu können.*

2 *Nun begann ich wieder von vorne und zeichnete Kopf und Hut mit kräftigen Strichen als eine zusammenhängende Form. Da dieses Bild ein Porträt werden soll, habe ich zuerst die Haltung des Kopfes festgelegt.*

MATERIAL

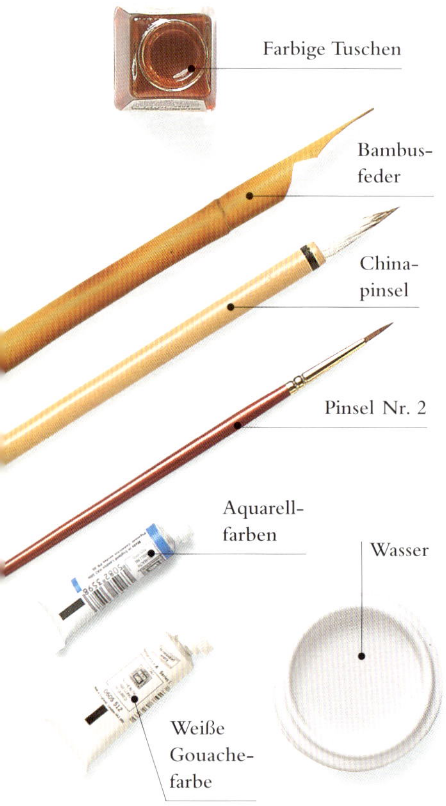

Zur Pose

Das Modell wird diesen großen schwarzen Hut normalerweise nicht zur buntscheckigen Jacke tragen wollen. So hatte ich aber die Möglichkeit, einige interessante Muster und Farben einzusetzen.

3 *Mit noch stärkeren Strichen begann ich dann die Patches auf der Jacke einzuzeichnen. Denken Sie immer daran, nicht die erste, sondern die letzte Linie zählt! Prüfen Sie immer wieder, verwerfen Sie und zeichnen Sie neu darüber.*

4 *Der Hut erhielt eine erste graue Lavierung. Im Gesicht wurden transparente Lavierungen für die Schattenpartien angelegt. Die hellen Stellen malte ich mit Deckfarbe.*

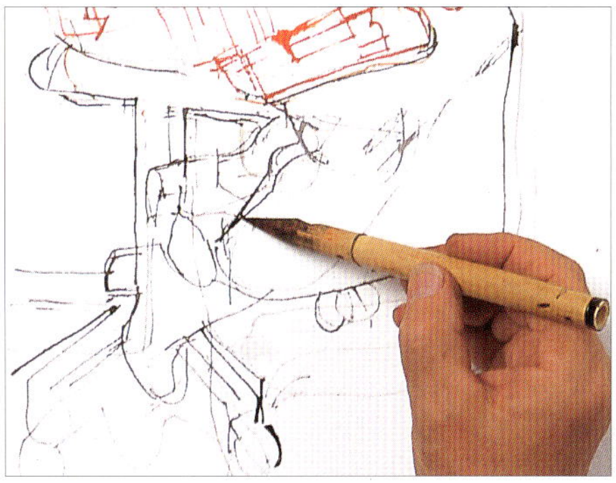

5 *Da Rock, Schuhe und Stuhl zu einer dunklen Form zusammenzuschmelzen scheinen, legte ich besonderen Wert auf die negativen Formen, um den Umriß der Figur zu definieren.*

6 *Beim Malen eines bunten Stoffes spart man viel Zeit, wenn man alle Flächen einer Farbe in einem Durchgang malt.* Kleines Bild: *Zeichnen Sie feinere Details mit der Feder ein.*

Schwarze Tuschelavierung wird mit etwas Wasser strukturiert.

Einige Details beleben das Ganze.

Das Schwarz wird nur wenig modelliert.

Die fertige Zeichnung
Zum Schluß modellierte ich das Gesicht noch mit etwas Deckfarbe und deutete den Boden mit einem gebrochenen Grau und etwas weißer Goauche an.

7 *Die große schwarze Fläche wurde kaum modelliert, sondern mit schwarzer Tusche und großem Pinsel laviert. Schrecken Sie nicht vor einer solchen Vereinfachung zurück – sie verleiht dem Bild zusätzliche Spannung.*

8 *Bei komplizierten Mustern ist es nicht nötig, jedes Detail einzuzeichnen. Ich versuchte, das Muster der Jacke groß wiederzugeben, und zeichnete nur wenige Details.*

Starkes Licht von oben

Mit einer starken, von oben kommenden Beleuchtung lassen sich außergewöhnliche Lichteffekte erzeugen. Die Figur wird in ein fast abstraktes Helldunkel verwandelt, was sie geheimnisvoll oder sogar düster erscheinen läßt.

Für eine solche Beleuchtung von oben ist keine aufwendige Ausrüstung nötig. Drehen Sie einfach eine hellere Glühbirne (200 Watt) in die Deckenbeleuchtung und richten Sie das Licht mit Hilfe einer Manschette direkt auf den Boden (und nicht in Ihre Augen). Suchen Sie sich dann unter dieser Beleuchtung eine Pose aus, die vielfältige Effekte bietet, wie z. B. leuchtende Partien im Kontrast zu tiefen dunklen Schlagschatten. Bei einigen sitzenden Posen kann es passieren, daß die Figur überbeleuchtet wird und zu wenig Kontraste zeigt. Richten Sie das Licht so ein, daß die Veränderungen der Form, vor allem in der Vertikalen, gut sichtbar werden.

Ein ähnlicher Effekt kann im Freien an einem Sommertag erzielt werden. Eine Figur, die sich zurücklehnt, hat dann stark verdunkelte Augen und überbetonte Formen.

Stehende Figur

Material

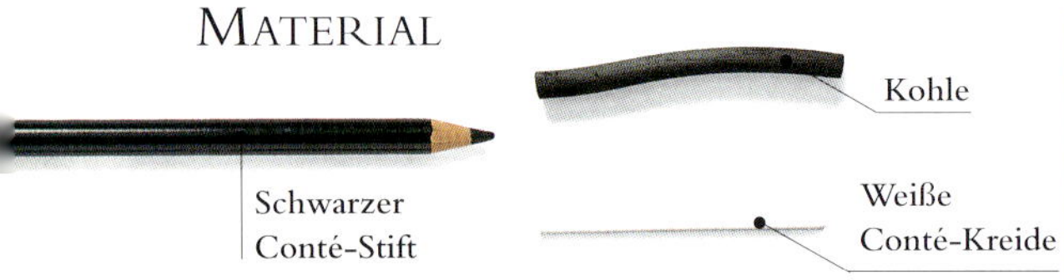

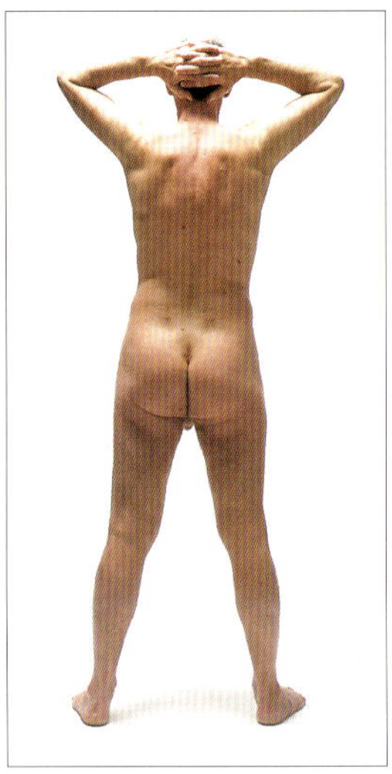

Zur Pose
Suchen Sie nach der Pose, die sich am besten für diese Art der Beleuchtung eignet. Stellen Sie das Modell zuerst direkt unter die Lichtquelle und verändern Sie dann langsam seine Position, bis das Licht einige hervorstechende Formen betont.

1 *Ich skizzierte diese symmetrische Pose mit Kohle und weißer Conté-Kreide, wobei ich auch den Lichteinfall andeutete. Der Abstand zwischen Kopf und beiden Füßen ist jeweils derselbe.*

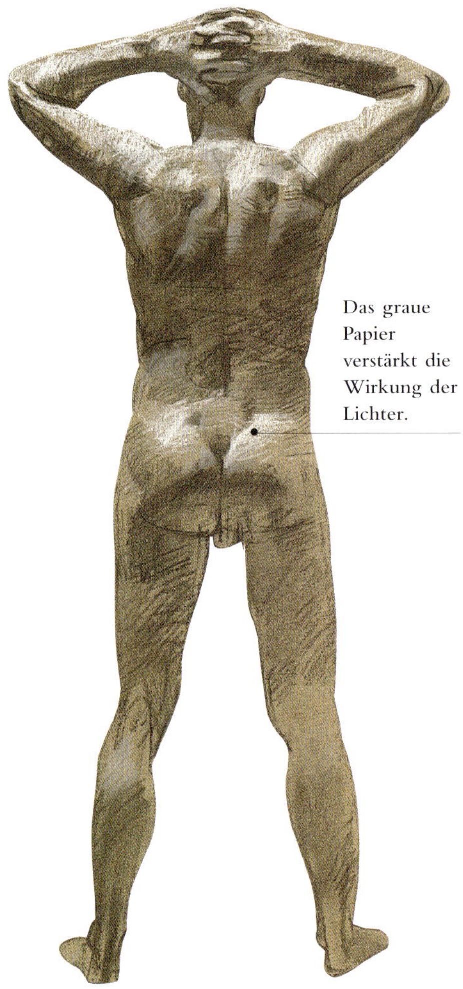

2 *Die Oberarme und die Schultern ergeben zusammen eine beleuchtete Form, die ich mit weißer Conté-Kreide festlegte, während ich den schattigen Rücken abdunkelte.* Kleines Bild: *Mit schwarzem Conté-Stift betonte ich die stärksten Tonwertkontraste. Beim Bearbeiten des Körpers ließ ich reichlich graues Papier durchscheinen, um die Körperfarbe anzudeuten.*

Die fertige Zeichnung
Ich habe die Figur aus dem Papier ausgeschnitten, um zu zeigen, inwieweit die Farbe des Papiers zur Wiedergabe des Hauttons beigetragen hat. Achten Sie vor allem auf das Halbdunkel auf den Waden und das reflektierte Licht auf dem Gesäß.

Sitzende Figur

Material

Zur Pose

Das kräftige Licht von oben verwandelt die Figur in ein fast abstraktes Muster aus Licht und Schatten. Probieren Sie einige Posen aus und verändern Sie die Beleuchtung so lange, bis Sie ein interessantes Muster gefunden haben.

1 *In dieser Conté-Stift-Zeichnung wollte ich absichtlich keine realistischen Farben verwenden. Ich zeichnete die Schattenpartien des Gesichts, des Halses und der Arme mit einem mittleren Blau ein und ließ weiße Stellen im Papier als Lichter stehen.*

2 *Ich verdichtete die Zeichnung mit einem dunkleren Blau und einem hellen Rosaton und fügte Details und Tonwerte zu. Achten Sie auf die Verteilung von Hell und Dunkel.*

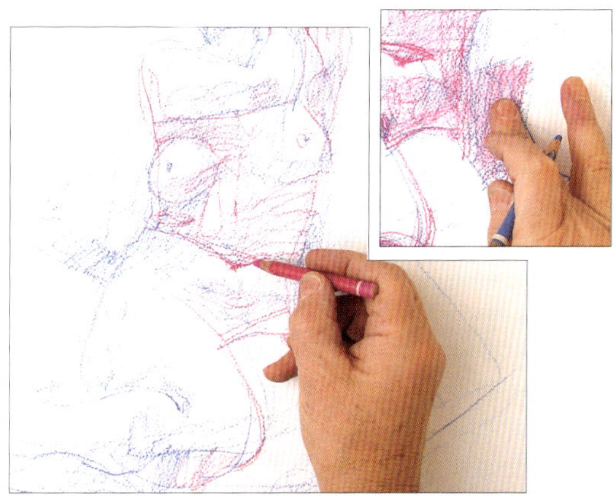

3 *Verlieren Sie bei der Herausarbeitung des Helldunkels die Gesamtkomposition nicht aus den Augen. Knie und Unterschenkel kragen deutlich nach vorne aus. Unterschätzen Sie ihre Größe nicht, sondern übertreiben Sie lieber ein bißchen. Die Figur erhält dadurch eine feste Basis.* Kleines Bild: *Die dunkelsten Töne wurden durch Verwischen der Kreide geschaffen.*

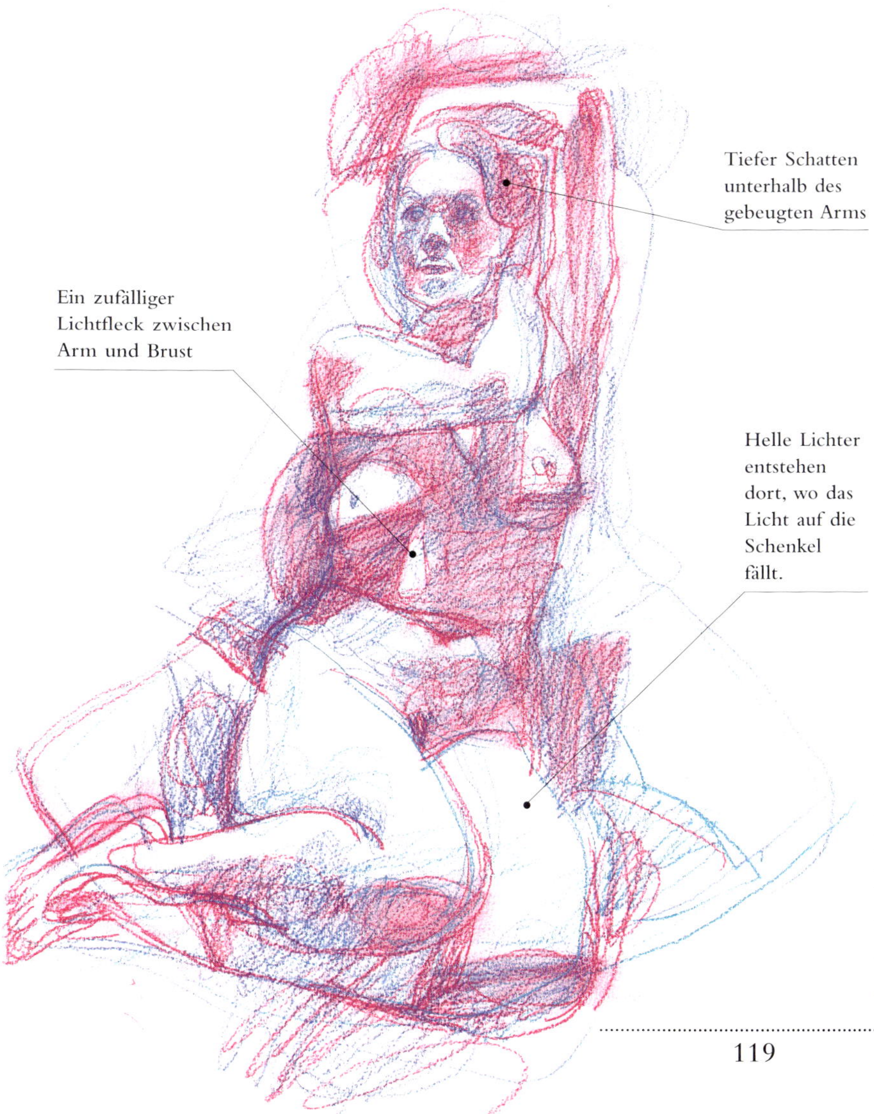

Die fertige Zeichnung

Da es sich hier um die Studie einer ungewöhnlichen Lichtsituation handelt, ist es nicht nötig, Licht und Schatten über die ganze Zeichenfläche zu verteilen. Einige dunkle Tonwerte verleihen der Figur einen einheitlichen Rahmen.

GEGENLICHT

Im Gegenlicht zeigt das Modell starke Helldunkelkontraste. Die Figur ist zum Teil in weiche Schatten und sanfte Farben gehüllt, wird aber an den Rändern auch von hellem Licht getroffen.

BEIM ZEICHNEN IM GEGENLICHT *(contre-jour)* wird das Modell vorwiegend in dunklen Tonwerten wiedergegeben. Zeichnen Sie jedoch keine vollkommen konturlose Silhouette. Setzen Sie sich nahe genug vor das Modell, um die Lichtflächen an den Rändern der Figur wahrnehmen zu können. Gut wäre es, wenn Sie einige helle Papierflächen vor dem Modell aufstellen würden, damit das Licht reflektiert und die Schattenzonen etwas aufgelockert werden.

Legen Sie beim Zeichnen zuerst die hellen Flächen fest, wie ich es hier getan habe. Dann kann man die subtilen Farbtöne in den Schattenzonen erfassen. Falls die Beleuchtung von hinten ein warmes Licht ist, werden die Schatten im Vergleich dazu ziemlich kühl erscheinen. In dieser Übung habe ich die sonnenbeschienenen Teile der Figur in warmen Rot- und Gelbtönen wiedergegeben, während die tiefsten Schatten unterhalb des Kinns und der Brüste in kühlen Blaugrautönen eingezeichnet wurden. Bei einem kühleren Licht, etwa an einem wolkigen Tag, können die beleuchteten Körperflächen des Modells sogar kühlere Farben aufweisen als die Schattenpartien. Denken Sie daran, daß die Farbtemperatur der Schattenpartien von den umgebenden Farben beeinflußt wird.

MATERIAL

Eine Auswahl an weichen Pastellkreiden

Zur Pose

Setzen Sie Ihr Modell für eine Studie im Gegenlicht direkt vor ein Fenster. Das Sonnenlicht fällt hier in einem recht steilen Winkel auf die Figur und beleuchtet nur die rechte Körperseite, etwas von der linken Schulter, den Schoß und Teile des Rumpfes.

1 *Mit einem hellen Rot skizzierte ich die Hauptformen vor und legte dann einige helle Teile mit Siena natur und Krapplack Rosa fest. (In einem guten Pastellsortiment gibt es jeden Farbton in verschiedenen Abtönungen. Die hellste Farbe ist fast weiß.)*

2 *Nun begann ich, die Körperkontur klarer zu definieren, indem ich für den Morgenmantel über dem Stuhl ein Dunkelblau verwendete. Die stärksten Helldunkel-Kontraste liegen zwischen dem Morgenmantel und den Lichtern auf den Schultern. Auf einem dunkeltonigen Grund lassen sich so die mittleren Tonwerte besser einschätzen.*

3 *Hier begann ich die Tonwerte im Haar, im Gesicht und im Hintergrund einzuzeichnen. Ich überarbeitete noch einmal die Lichtpartien und fügte kühle Grau- und Blautöne für die Schatten ein.* Kleines Bild: *Mit einer schwarzen Pastellkreide zeichnete ich die kräftige Linie, die den Fensterrahmen sowie die größte Tonwertveränderung im Hintergrund markiert.*

4 *Das reflektierte Licht auf der schattigen Seite der Figur wurde mit kühlen grauvioletten Farbtönen belebt. Diese Farbtöne sind so fein, daß sie die helle Lichtkante des Fensterbretts nicht beeinträchtigen. Einige sonnenbeschienene Blätter der Pflanzen vor dem Fenster fügte ich noch mit heller gelbgrüner Pastellfarbe ein.*

5 *Nachdem ich die Lichter auf dem vorne liegenden Oberschenkel weich vermalt und den linken Arm des Modells weiter modelliert hatte, verstärkte ich das viel hellere Licht auf den Schultern mit einer sehr hellen Abtönung aus Krapplack Rosa.*

Die fertige Zeichnung

Die hellen Stellen des Fensterrahmens sparte ich bis zum Schluß aus und konnte sie dann mit einigen kräftigen Strichen wiedergeben. Lassen Sie sich aber nicht dazu verleiten, ein reines Weiß auf der Figur einzusetzen. Auch die blasseste Haut erscheint unter hellem Licht in einem farbigen Ton. Pastellkreide sollte mit kräftigen Strichen eingesetzt werden, ohne die Farben weich zu vermalen. Um die Figur noch stärker herauszustellen, habe ich die Mauer im Hintergrund locker schraffiert.

Lichtflecken

Durch Blenden oder Jalousien fallendes Licht kann auf dem Körper wunderschöne Muster hervorrufen. Wenn das Licht über den Körper wandert, scheint es die Form der Figur zugleich zu offenbaren und zu verschleiern.

Um Lichtmuster zu schaffen, braucht man keine Blenden zu installieren und muß nicht auf einen sonnigen Tag warten! Man kann diesen Effekt auch mit einem Diaprojektor erzeugen, wie ich das in dieser Übung getan habe. Zeichnen Sie entweder mit einem schwarzen Filzstift ein Streifenmuster auf ein leeres, verglastes Diarähmchen, oder bekleben Sie es mit schwarzen Papierstreifen.

Projiziert man dann ein solches Dia auf den Körper des Modells, ergeben die Streifen auf der Figur ein faszinierendes Lichtspiel. Die Lichtstreifen lassen die Körperformen plastisch hervortreten, gleichzeitig gestatten sie es dem Betrachter, sich nur auf das zweidimensionale Wechselspiel von Licht und Schatten zu konzentrieren.

Für diese Komposition wurde eine begrenzte Farbskala ausgewählt, vorwiegend warme Gelb- und Orangetöne, aber auch helle und dunkle Brauntöne, die aus der Mischung der Farben mit Schwarz resultieren. Als Zeichenfläche nahm ich einen Aquarellkarton mit einer halbrauhen Textur.

Material

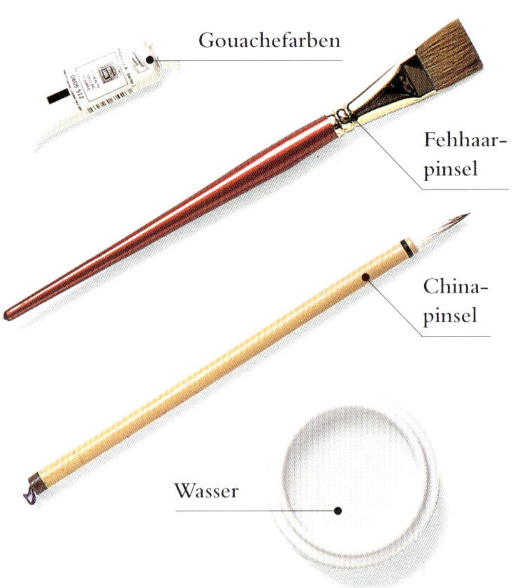

Zur Pose
Am besten projiziert man das Dia von einem niedrigen Standpunkt aus. Eine liegende Pose eignet sich besonders gut, da die Lichtstreifen über die ganze Körperlänge fallen können.

1 *Mit einem Chinapinsel mittlerer Größe legte ich die Figur und das Lichtmuster mit einer Mischung aus Siena natur und etwas Orange fest. Für den Hintergrund verwendete ich lockere Lavierungen aus Siena natur und etwas Schwarz.*

2 *Dann legte ich im Hintergrund weitere Lavierungen an. Die Farben dieser ersten Lavierungen sind nicht so wichtig; sie dienen nur zur Abtönung des weißen Kartons und als Grundlage für die folgenden Farben.*

3 *Von links beginnend arbeitete ich nun die warmen Farbtöne des Körpers genauer aus. In die Farbe des Rumpfes mischte ich ein mittleres Gelb, für das Gesicht verwendete ich noch etwas Rosa.* Kleines Bild: *Auf die Lichtstreifen wurden deckende Farben aufgetragen – kein Weiß, aber sehr helle Rosa- und Gelbtöne.*

4 *Zu diesem Zeitpunkt stellte ich fest, daß die Figur zu stark ausgearbeitet war und die Aufmerksamkeit von dem Lichtspiel abgelenkt wurde. Ich überprüfte die Komposition erneut und übermalte dann die Figur noch einmal mit lockeren Pinselstrichen.*

5 *Während der Sitzung sank die Hüfte des Modells zunehmend tiefer in das Bettzeug. Um das deutlich zu machen, übermalte ich die Hüften an der oberen Kante und machte sie unten ein wenig breiter. Der Hintergrund wurde weiter abgedunkelt, um das projizierte Licht zu verstärken.* Kleines Bild: *Gesicht und Kopf wurden etwas vereinfacht.*

Die fertige Zeichnung

Vergleichen Sie die fertige Zeichnung mit Schritt 3. Durch die Verschiebung der Hüften habe ich der Pose meiner Meinung nach mehr Schwung gegeben. Obwohl die Lichtstreifen etwas abgetönt wurden, sehen sie im Vergleich zu früheren Phasen heller aus. Das kommt daher, daß alle anderen Töne ebenfalls abgedunkelt wurden. Scheuen Sie sich also niemals davor, in die Gestaltung Ihres Bildes einzugreifen. Beachten Sie, wie die Lichtstreifen die Plastizität der Bauchzone hervorheben und gleichzeitig den linken Arm des Modells in ein flächiges Streifenmuster einbinden.

REGISTER

DANKSAGUNG & BILDNACHWEIS

Danksagung des Autors

Folgenden Modellen möchte ich meinen herzlichen Dank aussprechen: Nikki Donovan, Barry Herbert, Johanna Llewellyn, Francis Nicholls, Louise Pyne, Nadia Rahman-Vais, Matthew Rake, Nigel Sellwood, Claire Sharland sowie Rosie, Oliver und Grace Sellwell.

Mein Dank gilt auch Mike Carr, der mich freundlicherweise in die EDV einführte, und Stan Smith, Roger Bristow und Sarah Hoggett für ihre Unterstützung, Julia Ward-Hastelow, Katie Bent und dem Team von Collins and Brown für ihre Hilfe und Toleranz sowie meiner Frau Sheila für alle diese Dinge und noch viel mehr.

Danksagung der Verleger

Die Verleger danken Sampson Lloyd, Matthew Rake, Ian Kearey und Ingrid Lock für ihre wertvollen Beiträge zu diesem Buch.

Bildnachweis

Alle Abbildungen unterliegen dem Copyright von John Raynes, mit Ausnahme der folgenden: Seite 6, Sonia Halliday Photographs; Seite 7 (rechts), British Museum/Bridgeman Art Library, London; Seite 9 (links), Ashmolean Museum, Oxford; Seite 9 (rechts), Privatsammlung; Seite 82, Victoria and Albert Museum, London.